零基础
装修
全程通

理想·宅
——编

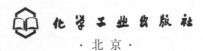
化学工业出版社
·北京·

内 容 简 介

本书共包括七个章节，分别为装修需求的确认、户型功能改造与装修风格的选择、施工方的选择及合同的签订、装修材料的选择、各工程的施工流程及监工重点、家居装修的验收，以及家具、家电的选择与布置，涵盖了从前期设计到施工验收再到后期软装搭配的全部家居装修相关内容。书中内容以简练的文字为主，搭配相关实景及图表，力求让读者能够迅速、准确地掌握家居装修设计、施工、验收、软装布置等技巧，做到零基础装修全程通。

本书不仅适合想要装修的家装业主，也适合初入设计行业的从业人员以及对家居装修感兴趣的普通读者。

随书附赠资源，请访问 https://www.cip.com.cn/Service/Download 下载。

在如右图所示位置，输入"38942"点击"搜索资源"即可进入下载页面。

图书在版编目（CIP）数据

零基础装修全程通 / 理想·宅编. —北京：化学工业出版社，2021.7
ISBN 978-7-122-38942-8

Ⅰ．①零… Ⅱ．①理… Ⅲ．①建筑装饰-工程施工
Ⅳ．①TU767

中国版本图书馆CIP数据核字（2021）第066562号

责任编辑：王　斌　吕梦瑶　　　　　　　　装帧设计：异一设计
责任校对：边　涛

出版发行：化学工业出版社（北京市东城区青年湖南街13号　邮政编码100011）
印　　装：中煤（北京）印务有限公司
710mm×1000mm　1/16　印张14　字数300千字　2021年7月北京第1版第1次印刷

购书咨询：010-64518888　　　　　　　　售后服务：010-64518899
网　　址：http://www.cip.com.cn
凡购买本书，如有缺损质量问题，本社销售中心负责调换。

定　　价：68.00元　　　　　　　　　　　　版权所有　违者必究

前 言

　　随着生活水平及审美水平的不断提升，人们对于居住场所的装饰也越来越重视。家居空间不再是四白落地，装修成了买房之外的另一件大事。之所以称之为大事，是因为装修是一个非常烦琐的过程，且花费不菲。尤其是对于工薪阶层而言，购入的房产很可能要居住几十年的时间，也没有太多的精力和金钱支持多次装修，所以都希望能够一步到位。但从以往的经验来看，装修过后，总是会存在这样或那样的遗憾，有些甚至会对生活质量造成影响。究其原因，多半是因为业主装修经验不足，对于家居装修相关知识没有系统化的了解所致。而对于繁忙的现代人来说，如果想要通过书籍获得相关知识，则书中的内容需要简洁、明了且有效，才能够起到帮助读者的作用。

　　本书通过七个章节来讲解家居装修知识，包括装修需求的确认、户型功能改造与装修风格的选择、施工方的选择及合同的签订、装修材料的选择、各工程的施工流程及监工重点、家居装修的验收，以及家具、家电的选择与布置等，涵盖了从前期设计到验收再到后期软装布置的所有相关知识。内容上以文字、图片加表格的形式进行编排，力求简洁、明了，令读者能够更加迅速、准确地掌握家居装修的设计、施工、验收、软装布置等技巧，做到零基础装修全程通。

目录

第一章

装修需求的确认

扫码下载
家庭成员信息采集及需求单

不同的家庭由于家庭成员人数、性别、年龄、审美等方面的差异，对家居不同空间的功能性、装饰效果等方面的要求存在一定的区别，同时因为地域、交房期、时间安排等因素的影响，面临的装修细节也不同，这些统称为装修需求。通过本章内容的讲解，业主可以更好地了解自己的装修需求，提前进行规划，让装修有一个好的开始。

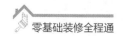

一、根据家庭成员确认装修需求

1. 确定家庭成员数量及生活习惯

不同的居住者对于家居环境的需求各有不同，尤其是家中有老人和儿童的家庭，要根据其年龄特征对家居环境区别对待。因此，在开始设计装修方案前，建议对家庭成员的生活习惯予以了解，以便于更好地进行功能区的规划以及风格、色彩和材质等方面的选择。调查内容可分成单个家庭成员和全部家庭成员两部分，建议以表格的形式来呈现，更为简洁、明了。

（1）单个家庭成员的"简历"

对于家庭中的每个成员，建议主要了解他们对居住环境的喜好、生活习惯以及对风格及色彩的偏好等，而后综合起来选择大家都满意的设计方案。具体内容和填写方式可参考下方表格。

成员 / 年龄	环境要求	生活习惯	风格、色彩喜好	其他要求
妈妈 /65 岁	◎喜欢安静的环境 ◎喜欢充足的阳光，希望卧室可以安排在阳面	◎入睡：21 点 30 分 ◎起床：5 点 30 分	◎中式风格或朴素一些的其他风格 ◎色彩不要过于鲜艳，可以有一些红色或绿色	◎喜欢喝茶、看书，希望卧室里能有摆放书籍和茶桌的空间 ◎希望卧室里可以有卫生间 ◎喜欢视野比较开阔的空间
爸爸 /66 岁	◎喜欢安静的环境 ◎喜欢充足的阳光，希望卧室可以安排在阳面	◎入睡：22 点左右 ◎起床：5 点 30 分	◎中式风格 ◎不喜欢太鲜艳的色彩，最喜欢棕色和蓝色	◎喜欢看电视，希望房间里能有独立电视 ◎希望卧室里可以有卫生间 ◎早上起来喜欢打太极，呼吸新鲜空气，希望可以有适合的空间
我 /36 岁	◎对环境没有太高要求	◎入睡：22 点左右 ◎起床：6 点 30 分	◎现代风格或简约风格 ◎以柔和的色彩为主，可以有少量鲜艳的色彩，喜欢蓝色和绿色	◎经常需要在家里工作，希望卧室和书房连通或卧室临近书房 ◎喜欢品酒，希望有个吧台
妻子 /33 岁	◎希望住在阳光充足的一面，但如果安排不下，也可以接受阴面	◎入睡：22 点 30 分 ◎起床：6 点 30	◎简约风格或北欧风格 ◎喜欢比较柔和的紫色、绿色和比较鲜艳一点的黄色和蓝色	◎希望卧室内有摆放衣柜的位置或步入式更衣间 ◎希望卧室里可以有卫生间

成员/年龄	环境要求	生活习惯	风格、色彩喜好	其他要求
女儿/10岁	◎希望环境可以安静一些	◎入睡：21点30分 ◎起床：7点	◎北欧风格或现代风格 ◎喜欢充满童话感的配色，粉嫩的绿色、粉色、黄色等	◎卧室里要有书桌，便于写作业 ◎喜欢小的卡通摆件，希望有单独摆放位置
儿子/3岁	◎希望房间可以靠近爸爸妈妈	◎入睡：21点左右 ◎起床：6点~7点	◎不知道喜欢什么风格 ◎喜欢鲜艳、活泼的色彩	◎要有足够摆放玩具的地方 ◎想要能在墙上写写画画

（2）全体家庭成员的"简历"

除了对单个家庭成员的习惯、喜好等进行了解外，还建议对整个家庭的聚集活动做到心里有数，例如集体用餐的时间、周末的安排、待客的次数、周末的集体娱乐等，可以根据这些活动更好地规划客厅和餐厅等公共区。

用餐		
名称	时间	参与人数
早餐	周一~周五	5人
	周六、周日	6人
午餐	周一~周五	3人
	周六、周日	6人
晚餐	周一~周五	4~5人
	周六、周日	6人

聚会			
时间	参与人数	活动内容	时长
周一~周五	5~6人	聊天、看电视、亲子时间	晚饭后1h左右
周六、周日	5~6人	◎外出用餐、游玩 ◎聊天、娱乐活动（打麻将、玩纸牌等）	时间不固定，但周末必有一次全体参与的聚会

招待客人			
时间	频率	活动内容	时长
周末或节假日	每月1~2次	聚餐或餐后娱乐活动	半天或一天

（3）"简历"作用的具体分析

装修前的策划不仅关系着装修效果是否能够尽如人意，也与装修预算的控制息息相关，因此，装修前进行家庭装修需求的确认是非常必要的，这也是建议填写家庭"简历"的原因。那么，在填写"简历"后，如何与装修方案的设计联系起来呢？这里会以上面两份"简历"以及下方的户型平面图为例，进行一个比较详细的家居功能区划分的分析。

▲原始平面图　　　　　　　　　　　　　▲规划后的平面图

原始户型分析

居室的左侧为阳光充足的阳面，阳台囊括了两个窗位，根据管道分布来看共可安排两个卫生间；右侧上面的空间有一个小阳台，厨房相关管道在右侧

"简历"上获取的信息

※ 希望房间在阳面的有爷爷、奶奶和妈妈

※ 希望房间内有卫生间的是爷爷、奶奶和妈妈

※ 喜欢安静环境的有爷爷、奶奶和女儿

※ 儿子对房间的要求是距离主卧近，且能够摆放较多玩具

总功能区的确定

※ 家中有一半的成员希望可以住在阳光充足的一面，所以将左侧定为卧室区

※ 右侧为公共区域，根据入户门的位置、空间的宽敞程度和家庭聚会的情况来看，有阳台的区域适合做客厅，临近厨房的位置适合做餐厅

儿童房位置的确定

儿子希望跟爸爸妈妈比较近，且房间宽敞一点；女儿希望环境安静一些，且女儿主要是晚上在家。所以将主卧和老人房中间定为男孩房，门口右侧的独立角落间隔成女孩房

主卧位置的确定

爸爸最重要的需求是要有书房；妈妈的需求是内卫和摆放衣柜，对阳台并没有明确要求，所以更适合选择有卫生间，但没有阳台的左下角的位置。门厅的位置比较宽敞，对这个家庭来说有些浪费，所以利用隔墙间隔出书房，以满足爸爸的需求

老人房位置的确定

奶奶有阅读和饮茶的爱好，爷爷喜欢打太极，他们都希望房间有卫生间，但从整体格局来看，很难都满足，最后从主要需求出发，将比较安静、比邻卫生间且有大阳台的卧室定为老人房，他们可以充分利用阳台活动

2. 根据性别、年龄确定不同空间装修需求

虽然家庭的组成是多样的，有独自居住的人、有新婚夫妇、有三口之家，还有四世同堂等。但总的来说，可以分为单身男性、单身女性、新婚夫妇、老人和儿童等五类，每一个人群适合的色彩、材质、家具、装饰，甚至图案都是不同的。适合居室环境的设计才能让居住者有归属感，因此，在与设计师沟通方案前，对这些需求做到心中有数，可以更好地满足空间装修需求。

（1）单身男性

单身男性的空间装修需求，可参考下表。

类别	需求概述
家居色彩	◎冷峻、理智的色彩：以蓝色系色彩为主，低明度和纯度 ◎厚重、坚实感的色彩：能够表现出力量感，以暗色调及浊色调为主 ◎强对比、个性的色彩：红色与绿色、黄色与蓝色等 ◎经典、理性的色彩：黑、白、灰的组合
家居材质	◎亚光质感的棉麻为主的布艺，避开蕾丝、长毛绒、亮片 ◎玻璃、金属等冷调质感的材料 ◎棕色、浅棕色系列的木质材料 ◎大理石和瓷砖类等具有光滑质感的材料
适用家具	◎粗犷的木质、皮革或棉麻布艺类家具 ◎收纳功能较为强大的家具 ◎直线条、大块面为主的利落感家具 ◎质感对比强烈的家具，如粗糙金属搭配亮光玻璃等
家居装饰	◎雕塑、金属装饰品、机械工艺品等，体现理性主义的装饰 ◎抽象画、简洁感的装饰画 ◎车船类模型 ◎干花、中性或具有男性气质的鲜花及花器
形状图案	◎理性的几何造型 ◎简练的直线条 ◎植物图案 ◎玻璃、水晶灯等通透明亮的材质
布置重点	◎简洁、顺畅的空间格局 ◎少而精的装饰

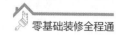

（2）单身女性

单身女性的空间装修需求，可参考下表。

类别	需求概述
家居色彩	◎温暖、柔和的色彩：色彩通常是温暖的、柔和的，配色以弱对比且过渡平稳的色调为宜 ◎明亮的暖色：以高明度或高纯度的红色、粉色、黄色、橙色等暖色为主 ◎属于"酷"女孩的无色系：适当使用一些黑色和灰色系
家居材质	◎大量的布艺织物表现柔美感，无论是棉麻、丝绸还是丝绒均可 ◎浅色为主的木质及藤、草编等材质 ◎带有螺旋、花纹的铁艺
适用家具	◎布艺家具、柔软的皮革家具 ◎手绘家具等具有艺术化特征的家具 ◎梳妆台、公主床等带有女性色彩的家具
家居装饰	◎花卉绿植、花器等与花草有关的装饰 ◎布绒玩偶等带有一些童趣的装饰 ◎圆润的树脂摆件，玻璃、水晶等材质的摆件
形状图案	◎花草类型的图案 ◎花边、曲线、弧线等圆润的线条 ◎适应年龄广泛一些的卡通图案
布置重点	◎以温馨、柔和的基调为主 ◎注重营造空间的系列化，以及色彩和元素的搭配 ◎符合女性特质的同时，还需满足个性化的需求

（3）新婚家庭

新婚家庭的空间装修需求，可参考下表。

类别	需求概述
家居色彩	◎典型配色：红色为主的搭配 ◎个性化配色：将红色作为点缀，或完全脱离红色，采用黄、绿或蓝、白等形式的清新感组合

类别	需求概述
家居材质	◎珠线帘、纱帘等浪漫、缥缈的隔断材质 ◎玻璃、水晶灯等通透明亮的材质 ◎棉麻等亚光为主，加入少量亮光（如丝绸、锦缎）材质的布艺组合 ◎质感具有对比的材料，如玻璃和亚光墙纸
适用家具	◎较易打理的家具，如棉麻材质、板式家具及玻璃和金属组合的类型 ◎造型具有浪漫感的家具，如心形靠背座椅 ◎多用途的家具，如沙发床、带收纳功能的家具等
家居装饰	◎成双成对的装饰品，如男女娃娃摆件、天鹅摆件等 ◎带有两人共同记忆的纪念品 ◎婚纱照、双人生活照等 ◎新婚夫妻各自喜欢的装饰品
形状图案	◎心形、玫瑰花、LOVE 字样等具有浪漫基调的图案 ◎几何、直线条、水墨等较为中性的图案 ◎曲线较少、造型大气一些的花草图案
布置重点	◎彰显新婚的甜蜜氛围 ◎找到男性和女性恰当的融合点 ◎新婚居所通常面积不大，需避免拥挤，装饰要少而精

（4）男孩房

男孩的空间装修需求，可参考下表。

类别	需求概述
家居色彩	◎婴儿：以柔和、淡雅一些的蓝色、绿色、黄色、灰色等为主 ◎儿童：活泼、鲜艳一些的色彩，多以蓝色、绿色为主，其他色彩做搭配 ◎少年：活泼感降低，多以黑、白、灰或棕色为主，搭配红蓝、黄蓝等对比色
家居材质	◎无甲醛、无污染的环保材质 ◎实木、藤艺等天然材质 ◎天然且易清洗的棉麻材质

续表

类别	需求概述
适用家具	◎小型的组合家具 ◎边缘圆滑的家具 ◎安全性强的攀爬类家具
家居装饰	◎变形金刚、汽车、足球等玩具 ◎带有童趣的卡通类摆件
形状图案	◎卡通、涂鸦等男孩感兴趣的图案 ◎几何图形等线条平直的图案
布置重点	◎应注重其性别上的心理特征，如英雄情结 ◎主要应体现活泼、动感的设计理念

（5）女孩房

女孩的空间装修需求，可参考下表。

类别	需求概述
家居色彩	◎婴儿：温柔、淡雅的色彩，如淡色调的肤色、粉红色、黄色等 ◎儿童：略为活泼的一些色彩，如鲜艳一些的黄色、红色、粉色等 ◎少年：以温柔、淡雅的色彩为主，点缀一些活泼色；若追求个性，可搭配黑色或灰色
家居材质	◎无甲醛、无污染的环保材质 ◎实木、藤艺等天然材质 ◎天然且易清洗的棉麻材质
适用家具	◎小型的组合家具 ◎边缘圆滑的家具 ◎公主床等具有童话色彩的家具
家居装饰	◎洋娃娃、卡通布偶等玩具 ◎带有童趣的卡通类摆件

类别	需求概述
形状图案	◎七色花、麋鹿等具有梦幻色彩的图案 ◎花仙子、美少女等卡通图案 ◎碎花、大花、卷曲的植物等自然类图案
布置重点	◎以温馨、甜美为设计理念 ◎女孩房主要体现童话般的气息

（6）老人房

老年人的空间装修需求，可参考下表。

类别	需求概述
家居色彩	◎宁静、安逸的色彩，避免鲜艳和刺激感 ◎宜用温暖、高雅、宁静的色彩，整体颜色不宜太暗
家居材质	◎隔声性良好的材质，防滑材质 ◎柔软的材质，避免玻璃等硬朗、脆弱的材质 ◎天然类的材质，如棉麻、实木、藤草等
适用家具	◎家具的样式宜低矮，方便取放物品 ◎稳定性好的单件家具，固定式家具为首选，最好周边为圆角 ◎古朴、厚重的中式家具
家居装饰	◎带有旺盛生命力的绿植、盆花等 ◎带有回忆色彩的装饰品，如照片
形状图案	◎中式或其他类型的复古图案 ◎以简洁线条为主的图案 ◎简约一些的花草、花鸟类图案
布置重点	◎空间要流畅，家具尽量靠墙而立 ◎注重细节，门把手、抽屉把手应该采用圆弧形

二、结合不同使用需求确定空间功能

1. 主要活动空间——客厅

（1）客厅的主要功能

客厅的主要功能通常包括三种，但不同类型的家庭对主要功能的需求略有不同，可结合自身的需求进行客厅的重点规划。

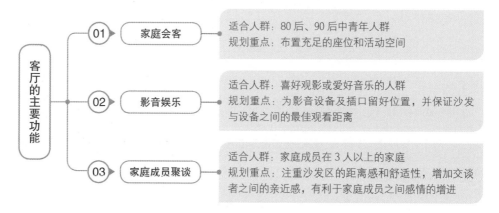

▲ 客厅的主要功能

家装知识扩展

满足客厅的主要功能，通常需要将客厅划分为影音区和交谈区两个区域。影音区摆放如电视机、投影屏幕、音响等影音设备；交谈区摆放沙发、茶几、角几等家具。沙发与电视机（或投影屏幕）之间的最佳距离应是电视机对角线长度的三倍。

（2）客厅的多样性功能

客厅通常是家居中面积最大的空间，也是家庭的活动中心，在现代家庭中起着联系内外、沟通宾主的作用。但在多数家庭中，由于居住条件有限，客厅的功能都是一厅多用的。所以，除了主要功能外，还可以根据室内面积和家庭使用需求，在客厅中增加一些其他功能，通常是可以满足休闲、阅读、用餐或烹饪等方面的需求。

休闲功能：适合好客或有饮茶、下棋、小酌等爱好的人群

阅读、工作功能：适合喜欢阅读、家里有孩子需要完成功课或需要在家里工作的人群

烹饪功能：适合小户型但客厅内的空间略有富余，没有独立厨房和餐厅或者为了增加整体宽敞感需要将厨房开敞的家庭

用餐功能：适合小户型但客厅内的空间略有富余，没有独立餐厅空间的家庭

　　若想要为客厅增加一些其他功能，在进行规划设计时，就需要在满足客厅主要功能的前提下，提前规划好附加功能区的位置。为了解决有些功能区域相互干扰的矛盾，需要通过装修手段，采取不同的分隔方式来解决。这些不同的分隔方式是客厅装修的重点，也是形成艺术氛围的有力表现手段。

多样性功能	作用	设计方式	可选位置	适合户型
休闲	◎饮酒、咖啡	◎吧台	◎客厅转角 ◎阳台与客厅间的墙垛或阳台上 ◎沙发后方	◎横向长条形客厅 ◎有阳台的客厅 ◎纵向长条形客厅或方形客厅
	◎下棋、饮茶	◎地台或榻榻米 ◎摆放如茶桌、休闲椅等家具	◎阳台 ◎沙发后方	◎有阳台的客厅 ◎纵向长条形客厅或方形客厅
	◎卧躺、短暂休憩	◎摆放如躺椅、摇椅等休闲家具 ◎榻榻米或飘窗	◎客厅靠窗一侧或窗台	◎横向长条形客厅或方形客厅 ◎适合设计飘窗的客厅
阅读、工作	◎阅读	◎摆放书柜或书架	◎沙发靠窗一侧 ◎设计为电视墙或沙发墙 ◎用书架兼做隔断	◎所有类型客厅 ◎有隔断需求的客厅
	◎写作业或工作	◎摆放书柜、书桌椅等划分区域	◎阳台 ◎沙发后方 ◎电视墙靠窗一侧	◎有阳台的客厅 ◎纵向长条形客厅 ◎横向长条形客厅
用餐	◎家庭用餐、朋友聚餐	◎摆放餐桌椅等家具	◎靠近厨房一侧	◎小户型家居
烹饪	◎烹饪、用餐	◎摆放橱柜和餐桌椅 ◎摆放橱柜和吧椅，部分橱柜兼做餐桌	◎靠近门的一侧	◎小户型家居

2. 用餐空间——餐厅

（1）餐厅的主要功能

客厅的主要功能通常有三种，与客厅相同的是，不同家庭对餐厅主要功能的需求也存在一些差异，可结合自身的主要需求选择适合的功能，如餐厅较小就可舍弃储物功能等。

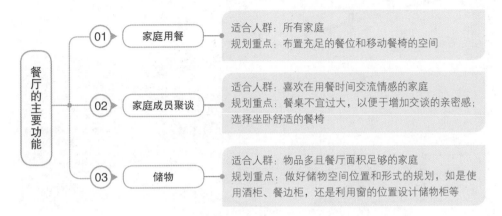

餐厅的主要功能

01 家庭用餐
适合人群：所有家庭
规划重点：布置充足的餐位和移动餐椅的空间

02 家庭成员聚谈
适合人群：喜欢在用餐时间交流情感的家庭
规划重点：餐桌不宜过大，以便于增加交谈的亲密感；选择坐卧舒适的餐椅

03 储物
适合人群：物品多且餐厅面积足够的家庭
规划重点：做好储物空间位置和形式的规划，如是使用酒柜、餐边柜，还是利用窗的位置设计储物柜等

▲餐厅的主要功能

家装知识扩展

满足餐厅的主要功能，通常需要将餐厅划分为用餐区和储物区两个区域。用餐区摆放餐桌、餐椅等家具；储物区摆放餐边柜、酒柜、储物柜等家具。这两部分区域有时并不会划分得过于明晰，例如餐边柜时常会靠餐椅后方的墙壁摆放，所以布置时，需特别注意满足人体活动所需要的距离。

储物区

用餐区

餐桌宽度为
800~1200mm

最佳距离为 600~800mm

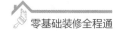
（2）餐厅的多样性功能

餐厅通常是家庭中面积次于客厅并且与客厅和厨房均距离较近的空间。作为家中面积比较大的区域，如果仅在用餐时使用，其他时间闲置，则未免有些浪费。实际上，餐厅还有许多其他用途，不仅能大大提高空间利用率，还能让家人更加亲密无间。

阅读、工作功能：适合家中没有独立区域设计书房，但喜欢阅读、经常需要在家工作或家里有孩子的家庭

休闲功能：适合喜欢有饮酒、饮茶爱好，但没有适合位置设计专门区域的家庭

亲子娱乐功能：适合家中有孩子，但比较缺乏亲子娱乐空间的家庭

影音功能：适合观看电视喜好
不同的家庭，或者喜欢一边吃
饭一边观看电视的家庭

　　为餐厅附加一些其他功能，需要在进行规划设计时就做好打算，在满足餐厅基本功能的基础上，提前规划好所选附加功能的体现形式。如是否需要设计书柜、在哪个位置设计，或是餐桌的形式是购买成品餐桌还是设计成吧台，餐椅是购买成品还是设计成卡座等。

多样性功能	作用	设计方式	可选位置	适合户型
阅读、工作	◎阅读	◎摆放书柜、书架或设计入墙式书柜	◎靠一侧墙面的位置 ◎将某面墙设计成储物和书柜一体的形式 ◎有窗的餐厅可利用窗下方和侧面的位置 ◎客厅与餐厅之间用书架做隔断	◎面积较充裕的餐厅 ◎有窗的餐厅
	◎写作业或工作	◎餐桌兼做书桌 ◎部分餐椅设计成与书柜组合的卡座	◎餐厅中央 ◎靠墙一侧	◎没有位置安排书桌的户型
亲子娱乐	◎陪孩子阅读儿童书籍 ◎陪孩子做游戏	◎部分餐椅设计成卡座的形式 ◎将收纳柜与卡座结合设计	◎餐厅靠墙一侧	◎长度或宽度方向比较充足的餐厅
休闲	◎饮酒	◎摆放酒柜或酒架 ◎设计一处吧台或将餐桌设计成吧台形式	◎餐厅靠墙一侧 ◎厨房与餐厅中间或窗周围	◎所有类型餐厅
	◎喝茶或咖啡	◎摆放储物柜、架或带有水槽的短橱柜 ◎设计一处吧台或将餐桌设计成吧台形式	◎餐厅靠墙一侧 ◎厨房与餐厅中间	◎所有类型餐厅
影音	◎观看电视、电影	◎布置电视或投影	◎适合角度的墙面	◎有位置安排电视或投影的餐厅

3. 休息空间——卧室功能的确定

（1）卧室的主要功能

卧室是住宅中私密性最强的空间，其主要功能为睡眠和收纳。为了保证睡眠质量，在设计卧室时要注意合理布置家具，保持流畅性，以保证居住者身心愉悦，可以轻松入眠。

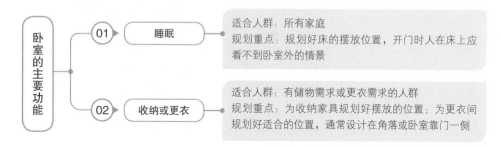

卧室的主要功能	01 睡眠	适合人群：所有家庭 规划重点：规划好床的摆放位置，开门时人在床上应看不到卧室外的情景
	02 收纳或更衣	适合人群：有储物需求或更衣需求的人群 规划重点：为收纳家具规划好摆放的位置；为更衣间规划好适合的位置，通常设计在角落或卧室靠门一侧

▲卧室的主要功能

家装知识扩展

满足卧室的主要功能，通常需要将卧室划分为睡眠区和收纳区两个区域。睡眠区摆放床、床头柜等家具；收纳区摆放衣柜、收纳柜等家具。它们有时划分并不是非常明晰，例如有时衣柜也会设计在床头墙的位置。当收纳柜在床尾或一侧时，需注意两者之间的距离。

收纳区　睡眠区　收纳区

最短距离为500mm，最佳距离为850~1220mm

最短距离不能小于单扇柜门的宽度，最佳距离为850~1220mm

睡眠区　收纳区

（2）卧室的多样性功能

卧室是夜晚人们相对活动较多的空间，为了便捷和安静，卧室通常还可以根据居住者的需要，增加一些除主要功能之外的其他功能，如休闲、影音、梳妆、阅读及工作等。

休闲功能：适合喜欢在卧室进行一些休闲活动的人群，如下棋、聊天、喝茶等

影音功能：适合睡前喜欢观看电视节目的人群，或是人口较多的家庭

梳妆功能：适合居住者中有女士并需要在卧室完成梳妆的情况

<u>阅读、工作功能</u>：适合喜欢睡前阅读的人群，或需要经常处理工作但家中没有独立书房且喜欢静谧环境的人群

　　卧室内有一些附加功能的增加是比较简便的，无需过多空间，如影音功能，将电视悬挂在墙上即可；而有些功能的增加则需要提前进行空间的规划，避免使卧室显得过于拥挤。

多样性功能	作用	设计方式	可选位置	适合户型
休闲	◎下棋、饮茶	◎飘窗 ◎摆放一组休闲桌椅 ◎设计一处地台或榻榻米	◎窗下或窗台上 ◎靠窗的一侧或阳台上	◎有窗的卧室 ◎面积较宽敞的卧室或有阳台的卧室
	◎聊天	◎飘窗 ◎摆放休闲桌椅或单独的休闲椅	◎窗下或窗台上 ◎靠窗一侧或阳台上	◎有窗的卧室 ◎面积较宽敞的卧室或有阳台的卧室
	◎卧躺、短暂休憩	◎摆放如躺椅、贵妃榻等休闲家具	◎靠窗一侧或靠阳台一侧	◎面积较宽敞的卧室
影音	观看电视、电影	◎悬挂电视、投影屏幕或摆放电视	◎床正对面的墙壁上	◎有位置安排电视或投影的卧室
梳妆	◎护肤、化妆	◎摆放梳妆台	◎床头一侧或床对面靠墙摆放	◎面积较宽敞的卧室
阅读、工作	◎阅读	◎摆放书柜或书架 ◎选择具有收纳功能的床头柜	◎设计成床头墙或摆放在床头两侧的适合位置 ◎床头两侧	◎面积较宽敞的卧室 ◎所有类型的卧室
	◎写作业或工作	◎摆放书柜、书桌椅等划分区域 ◎沿窗台设计书桌，窗两侧设计成书柜	◎阳台、床头一侧、床侧面或床头对面 ◎窗下的位置及窗两侧的墙面上	◎有阳台的卧室或面积较宽敞的卧室
洗浴	◎洗漱、洗澡	◎浴室用玻璃隔墙或实体隔墙分隔 ◎浴室用软帘分隔	◎靠近门口的一侧	◎有上、下水管道预留的卧室

4. 阅读及工作空间——书房

（1）书房的主要功能

书房最主要的功能是收纳及书写，这两种功能无需过大的面积即可满足需求。

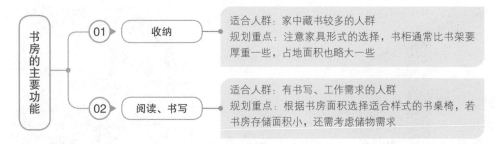

书房的主要功能	01	收纳	适合人群：家中藏书较多的人群 规划重点：注意家具形式的选择，书柜通常比书架要厚重一些，占地面积也略大一些
	02	阅读、书写	适合人群：有书写、工作需求的人群 规划重点：根据书房面积选择适合样式的书桌椅，若书房存储面积小，还需考虑储物需求

▲书房的主要功能

家装知识扩展

满足书房的主要功能，通常需要将书房划分为收纳区和阅读、书写区两个区域。收纳区摆放书柜、书架等家具；阅读、书写区摆放书桌、书写椅等家具。两部分区域通常不会有非常明晰的划分，通常收纳柜会放在书桌椅的后方或侧方，摆放时需要注意预留足够的距离，便于活动。

最窄距离为椅子可以充分移出的尺寸，一般为450~500mm；最佳距离为850~1100mm

最窄距离为人体侧身可通过的尺寸，一般为550~600mm

阅读、书写区

（2）书房的多样性功能

书房除了具备阅读书写、收纳等主要功能外，一些面积较大的书房，还可以增加一些其他的功能区，如休闲区、交谈区、休憩区等，有时也会将阅读区从读写区内独立出来。不同的功能适合不同的人群，在规划时可根据自身需求进行选择，并选择适合的位置和设计方式。

<u>休闲功能：适合有饮茶、下棋等较为安静的休闲活动需求的人群</u>

<u>交谈功能：适合需要经常接待工作相关人士并在书房讨论工作的人群</u>

<u>休憩功能：适合有时需要在书房休息的人群，或房间较少需要将书房兼做客房的家庭</u>

阅读功能：适合有独立阅读需求，需要将该区域与书写区做出划分的人群

通常来说，为书房增加多样性的功能，需要书房有比较充裕的面积，在摆放书柜（或书架）及书桌椅之外还有一定的可利用空间，来摆放满足其他功能需求的家具。在规划初期，需结合房间的形状、特点及所需增加的功能，进行相应的规划。

多样性功能	作用	设计方式	可选位置	适合户型
休闲	◎饮茶	◎摆放独立茶桌 ◎设计榻榻米或地台 ◎设计飘窗	◎书房内主要功能区外比较宽敞的其他位置 ◎靠窗的位置或靠一侧墙面的位置 ◎飘窗或窗的下方	◎有窗或面积较充裕的书房 ◎自带飘窗的书房
	◎下棋	◎设计榻榻米或地台 ◎设计飘窗	◎书房内主要功能区外比较宽敞的其他位置、靠窗的位置或靠一侧墙面的位置 ◎自身带有的飘窗或窗的下方	◎有窗或面积较充裕的书房 ◎自带飘窗的书房
交谈	◎交流信息、商谈事项	◎摆放沙发 ◎摆放休闲椅	◎书桌椅正对面或两侧比较宽敞的位置	◎面积较充裕的书房
休憩	◎短暂休息 ◎夜间休息	◎摆放躺椅或单人床 ◎摆放单人床、沙发床或设计成可收纳式隐藏床	◎靠近门的一侧或靠窗的一侧 ◎靠近门的一侧、靠窗的一侧或与书橱结合设计	◎面积较充裕的书房
阅读	◎阅读书籍	◎摆放单人沙发或休闲椅及适合的灯具(如落地灯)。如有需要，可将书架从主功能区移动到阅读区	◎书房内主要功能区外比较宽敞的其他位置	◎面积较充裕的书房

5. 烹饪空间——厨房

（1）厨房的主要功能

厨房的主要功能通常包括以下四种，无论大小，厨房基本都必备这四种功能，但功能区的具体安排可结合自身需求和厨房面积进行规划。

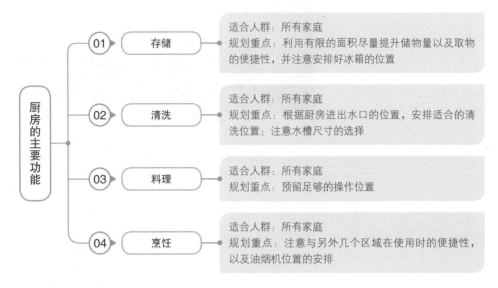

厨房的主要功能	01 存储	适合人群：所有家庭 规划重点：利用有限的面积尽量提升储物量以及取物的便捷性，并注意安排好冰箱的位置
	02 清洗	适合人群：所有家庭 规划重点：根据厨房进出水口的位置，安排适合的清洗位置；注意水槽尺寸的选择
	03 料理	适合人群：所有家庭 规划重点：预留足够的操作位置
	04 烹饪	适合人群：所有家庭 规划重点：注意与另外几个区域在使用时的便捷性，以及油烟机位置的安排

▲厨房的主要功能

家装知识扩展

满足厨房的主要功能，通常需要将厨房划分为存储区、清洗区、料理区和烹饪区四个区域。作为主要存储区的橱柜与清洗区、料理区和烹饪区的使用区域是重叠的，所以存储区多指冰箱；清洗区的主要设备为水槽；料理区的主要工作是切割菜品，需要摆放砧板；烹饪区的主要功能是烹饪食物，主要设备为燃气灶、电磁炉及油烟机等。

（2）厨房的多样性功能

厨房除了具备主要功能外，根据家庭的实际需要，还可以安排一些其他的功能，如用餐、休闲、浣洗等。

用餐功能：适合其余空间没有位置安排餐厅的家庭

休闲功能：比较适合开敞式的厨房或封闭式厨房但面积较大的家庭

浣洗功能：适合没有其他位置安置洗衣机的家庭

为厨房增加多样性的功能，除了用餐功能需要摆放餐桌椅外，另外两种功能更需要的是提前规划，只要进行良好的规划，有时并不需要厨房有足够宽敞的面积。

多样性功能	作用	设计方式	可选位置	适合户型
用餐	◎家庭用餐	◎摆放餐桌椅 ◎与厨房岛台设计结合，用岛台兼做餐桌，搭配适合款式的餐椅	◎靠厨房一侧墙面的位置或厨房中央 ◎除主要功能区以外的适合位置	◎面积较充裕的厨房
休闲	◎饮酒、聊天	◎设计吧台 ◎与厨房岛台设计结合，将岛台设计成吧台形式	◎靠窗位置或直接将吧台设计为隔断 ◎除主要功能区以外的适合位置或直接将岛台设计为隔断	◎窗附近比较空闲的厨房或开敞式厨房 ◎面积比较宽敞的厨房
浣洗	◎清洗衣物	◎摆放洗衣机	◎地柜中靠近上下水管道的适合位置	◎所有类型的厨房

6. 洗漱空间——卫浴

（1）卫浴的主要功能

卫浴的主要功能通常包括五种，它们属于卫浴的基本功能，无论面积大小基本都需要具备这五种主要功能，但在一些面积特别小的卫浴间中，也可根据自身需求进行取舍。

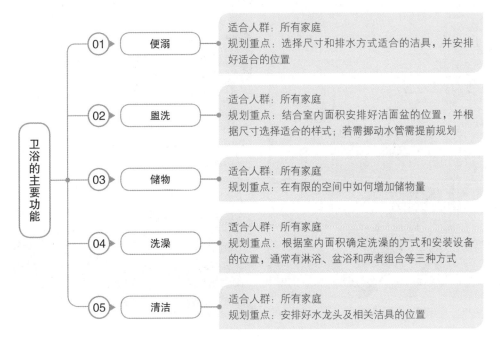

		适合人群：所有家庭
01	便溺	规划重点：选择尺寸和排水方式适合的洁具，并安排好适合的位置
02	盥洗	适合人群：所有家庭 规划重点：结合室内面积安排好洁面盆的位置，并根据尺寸选择适合的样式；若需挪动水管需提前规划
03	储物	适合人群：所有家庭 规划重点：在有限的空间中如何增加储物量
04	洗澡	适合人群：所有家庭 规划重点：根据室内面积确定洗澡的方式和安装设备的位置，通常有淋浴、盆浴和两者组合等三种方式
05	清洁	适合人群：所有家庭 规划重点：安排好水龙头及相关洁具的位置

▲卫浴的主要功能

家装知识扩展

满足卫浴的主要功能，通常需要将其划分为便溺区、盥洗区、储物区、洗澡区四个主要区域。便溺区的主要洁具为坐便器（或蹲便器），有需要的家庭还可以安装小便器及妇洗器；盥洗区的主要洁具为洁面盆；储物区主要依靠的是卫浴柜、镜箱及墙面储物架等，还可以利用墙面做成入墙式的储物架；洗澡区的主要洁具是花洒和浴缸，结合自身习惯和卫浴的面积，可使用一种，也可以都使用。最后是清洁区，主要摆放的是洗衣机和清洁池等，它并非必备主要功能，如果有较大空间的阳台，该区域更建议设置在阳台上。

（2）卫浴的多样性功能

在如大面积平层或别墅等户型中，卫浴间的面积是比较宽敞的，仅具备主要功能未免显得有些浪费，此时可以规划一些其他功能，让卫浴变得更加多样化。

桑拿功能：适合喜欢蒸桑拿的人群

梳妆功能：适合家中有女士，需要进行梳妆、护肤的家庭

使卫浴的功能更加多样化，首先需要做好空间的规划，在预留出满足主要功能的空间之外，再选择适合的位置增加功能。其次，还需要注意配套水电的处理，在水电改造开始前，就做好沟通。最后，还需要考虑干湿分离的问题，例如梳妆区比较适合安置在干区，远离淋浴区比较好一些。

多样性功能	作用	设计方式	可选位置	适合户型
桑拿	◎做桑拿浴	◎用玻璃房或玻璃门间隔空间，内置桑拿设备 ◎安装用桑拿板制作的专门的桑拿房	◎除主要功能区以外的适合位置	◎面积较充裕的卫浴
梳妆	◎梳妆、护肤	◎摆放梳妆台并安装镜灯	◎卫浴间靠墙的一侧 ◎干区中适合的位置	◎面积较充裕的卫浴 ◎干区和湿区完全分离的卫浴

7. 过渡空间——玄关

（1）玄关的主要功能

　　玄关是家居中进门后第一时间接触到的空间，它主要具有三种功能。根据玄关面积的大小不同，其主要功能呈现的方式会略有不同，并且这些主要功能也可以结合自身需求进行适合的选择。

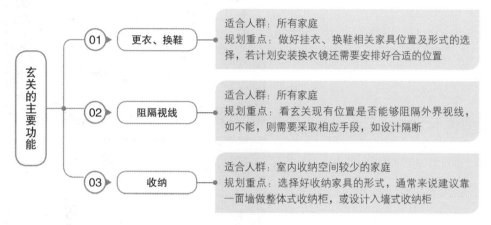

玄关的主要功能

01 更衣、换鞋
适合人群：所有家庭
规划重点：做好挂衣、换鞋相关家具位置及形式的选择，若计划安装换衣镜还需要安排好合适的位置

02 阻隔视线
适合人群：所有家庭
规划重点：看玄关现有位置是否能够阻隔外界视线，如不能，则需要采取相应手段，如设计隔断

03 收纳
适合人群：室内收纳空间较少的家庭
规划重点：选择好收纳家具的形式，通常来说建议靠一面墙做整体式收纳柜，或设计入墙式收纳柜

▲玄关的主要功能

家装知识扩展

玄关的主要功能，分区并不会特别明晰，例如有时更衣、换鞋就可以和收纳功能结合起来，在一体式的收纳柜中，安排一些空间设计成换鞋凳和挂衣板。而阻隔视线的功能也可与收纳功能一起组合设计，如下部分设计成鞋柜，上部分设计为隔断等。

（2）玄关的多样性功能

　　玄关位于家居空间中的第一顺位，代表的是一个家庭的"脸面"，所以，对于一些面积较为宽敞的玄关，可以在主要功能之外，增添一些如展示、休闲、洗漱等其他功能，来彰显家庭的生活品质和内涵。

展示功能：适合具有艺术品位和审美情调的人群

休闲功能：适合有饮茶、下棋等休闲爱好的人群

　　为玄关增添其他多样性功能，首先需要玄关具有较为宽敞的面积，而后再结合自身的喜好、需求，进行功能的选择，最后再决定设计方式和位置等其他因素。但需要注意的是，玄关毕竟是一个交通空间，保证其宽敞感是首要原则，尽量避免为了增加功能而使其显得拥挤。

多样性功能	作用	设计方式	可选位置	适合户型
展示	◎美化环境，增添艺术气质	◎摆放展架或在墙面上悬挂展架 ◎摆放玄关柜 ◎摆放落地式工艺品	◎靠墙不阻碍交通的位置或靠一侧墙面 ◎靠一侧墙面或入户门正对的位置	◎面积较充裕的玄关
休闲	◎喝茶、下棋或聊天	◎摆放适合的家具 ◎设计榻榻米或地台	◎靠墙不阻碍交通的位置或正对入户门的位置 ◎靠一侧墙面或靠窗不阻碍交通的位置	◎面积较充裕的玄关

三、确定装修档次和装修时间

1. 了解不同档次装修的特点及费用

根据装修效果及所花费费用的不同，家庭装修大致可分为如下图所示的四种档次。

经济型装修
特点：户型格局没有大的改动；自己买材料，以中低档材料为主
费用：5 万 ~8 万元（以 100m² 为基准）

中档型装修
特点：更多的造型设计；有一定的预算请设计师和监理
费用：9 万 ~15 万元（以 100m² 为基准）

高档型装修
特点：可选择有信誉、高知名度的家装公司；所用材料一般都是国内外知名品牌
费用：16 万 ~30 万元（以 100m² 为基准）

豪华型装修
特点：设计师经验丰富；材料基本上都是精品级材料；做工要求高
费用：30 万以上（以 100m² 为基准）

▲ 不同档次装修的特点及费用

家装知识扩展

选择装修档次应考虑的因素。

● 经济能力：工薪阶层建议选择经济型或中档型装修；比较富裕的人群建议选择高档型或豪华型装修。

● 住房面积：面积超过 140m² 时，建议选择高档型或豪华型装修；面积为 80~140m² 时，适合选择中档型装修；面积小于 80m² 建议选择经济型装修。

● 住房售价：售价高的（如别墅）选择高档型或豪华型装修；普通住房选用中档型或经济型装修。

● 居住者：老年人选用中档型或高档型装修，年轻人根据自己喜好选择。

● 居住年限：长久居住选用中档型及以上档次的装修；短居选择经济型装修。

2.了解装修过程中的资金分配

（1）装修资金分配方案

①装修资金分配方案按步骤分类，可体现在设计、硬装、软装、购买电器四个环节上。

②硬装饰部分可再按照顶、地、四面墙来分类；其中顶包括吊顶、龙骨、灯具等。

③软装部分按布艺和家具分类，布艺包括窗帘、布艺制品等；家具包括电器、洁具和橱柜等。

（2）装修过程中的资金分配

如果将装修整体开支看作是100%（不包括电器），各种开支的建议占比如下图所示。

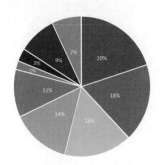

①装修公司（包括水电路改造、墙面漆、墙地砖等施工）20%

②木门（成品包括：窗套、垭口、踢脚线）18%

③橱柜16%

④地面材料14%

⑤厨卫墙砖及洁具11%

⑥窗帘布艺2%

⑦灯具及开关插座3%

⑧烟机灶具及龙头、花洒9%

⑨不可预见开支7%

家装知识扩展

根据装修预计造价来确定省钱的方式。

● 当每平方米（建筑面积）的装修预计造价在300元以内时，所用材料不可盲目追求品牌，而是要寻求一个最佳的性价比，否则很容易超支。

● 当每平方米的装修预计造价为300~500元时，所用材料可追求品牌产品，但要便宜，尽量选择简约风格或北欧风格等简洁一些的装饰风格。

● 当每平方米的装修预计造价超过500元时，对于主要材料，可选择比较高档的类型，装饰风格除花费资金较多的古典欧式、古典中式外，均可选择。

● 当每平方米的装修预计造价超过1000元时，无论是材料还是风格都可以尽情选择，但建议最好还是有一个整体比例上的控制。

● 硬装

指传统家装中的拆墙、刷涂料、吊顶、铺设管线、电线等，也包括添加在建筑物表面或者内部的一切装饰物，这些装饰物原则上是不可移动的。

● 软装

指装修完毕之后，利用那些易更换、易变动位置的饰物，如地毯、家具、饰品、灯饰等，对室内进行二度陈设与布置。

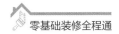

3. 了解不同季节装修的优劣

（1）春季

春季装修的优劣势

名称		概述
优势		◎有利于木材稳定，不易受潮变形，方便保存、使用 ◎空气流通性好，利于室内水分挥发，可缩短工期 ◎利于室内有害物质的挥发及空气净化 ◎装修公司折扣较大，装修工人状态较好
劣势	南方	◎易出现回南天，梅雨季节潮湿程度较高
	北方	◎停暖前后室内温度变化大 ◎风沙较大，室内灰尘较多 ◎空气过分干燥，一些易燃易爆产品存在安全隐患

化解北方春季装修劣势的方法

①北方的春季为供暖和停暖的交替时节，供暖前后室内温度变化大。所以，如刷漆、批灰、做油漆、瓦工铺砖、水泥地面、水泥砂浆等泥水活在供暖前后需采取不同的施工工艺。

②北方春季的风天较多，有时还会伴有扬沙，因此通风应适度。尤其是墙面、瓷砖等工程，通风不宜过于强烈，否则会导致水分挥发过快，墙面、吊顶容易开裂，瓷砖容易脱落，灰沙进入造成污染。可在中午前后通风三四小时，并只将窗户开一个小缝。

③北方春季空气干燥、风大，需使用防火等级高的建材，并注意防火。

化解南方春季装修劣势的方法

①潮湿天气装修选材需谨慎。一般要做湿度检查，或选择防水性能好的材料。

②潮湿天气施工要采取防潮措施，同时要合理分配工序。

（2）夏季

夏季装修的优劣势

名称	概述
优势	◎装修淡季，工人不易出现多工地施工的情况，可以较好地保证装修质量；设计师接单少，设计方案的构思更完善 ◎昼长夜短，与其他季节相比，施工时间比较充裕 ◎材料环保性能更易识别，靠闻气味就能轻易判别 ◎空气流通快，甲醛会成倍释放，环保性优于其他季节

名称	概述
劣势	◎气温较高，工人施工环境较差 ◎水分蒸发快，材料易变形，瓷砖易空鼓 ◎湿度高，油工不易干燥 ◎容易出现冷凝水问题 ◎阴雨天容易影响施工进度

化解夏季装修劣势的方法

①购买含水率低的材料。

②所使用的线管、胶布等材料都要能抗持久高温。

③木工要注意板材、木料防潮、防变形。

④瓦工需保证瓷砖充分吸水，并可适当延长泡水处理的时间，使瓷砖不会出现因吸水而与水泥黏结不牢的情况。

⑤乳胶漆施工要注意三防，即漆膜粗糙起皱、漆面发霉变味、漆面泛黄。在施工过程中做好基层腻子的干燥处理，每次上过腻子后，要将干燥的时间延长一些，做好室内的通风对流，尽量减少室内存在的水分。

（3）秋季

秋季装修的优劣势

名称	概述
优势	◎温度适宜，有利于装修工人施工和装修效率的提高 ◎气候干燥，木质板材不易返潮，安装效果好；瓷砖易张贴得更加紧凑、严密 ◎通风顺畅，提高了有害物质的排放效率，可以缩短晾房的时间 ◎装修旺季，装修材料市场的促销力度更大
劣势	◎气候干燥，木质板材不易保存 ◎安全隐患大，若不注意防火，一个小火星都可能酿成重大火灾事故 ◎干燥天气，如若通风不良，油漆挥发出的气体不易排出 ◎因为干燥，地板、墙纸、墙面等容易开裂

● 回南天

简称回南，是华南地区对一种天气现象的称呼，指每年春天时，气温开始回暖而湿度开始回升的现象。

● 冷凝水

夏季当湿热的水蒸气遇到室内阴凉的管道便易液化形成冷凝水。

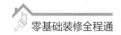
化解秋季装修劣势的方法

①木质材料放在通风口，其内部水分会迅速流失，导致表面出现裂纹，所以木质材料存放时要避免放置在通风口，避免阳光直射，及时进行封油处理；另外，装饰板要避免竖着放。

②油漆涂料容易挥发，其储存容器密封性一定要好；分开存放在不同房间，尽量放在房子阴面。避免阳光直射，避免遇上明火。

③施工时，需要特别注重电路与防火。

④墙纸需补水，自然阴干。

（4）冬季

冬季装修的优劣势

名称	概述
优势	◎木材的含水率一直处于很低的情况，干燥程度较好，不易出现变形的问题 ◎对于供暖的区域，暖气工程施工后可及时检验效果，如室内温度不理想，可进行调改 ◎油漆干燥快，比较容易刷出理想效果 ◎装修淡季，工人不易出现多工地施工的情况，可以较好地保证装修质量；设计师接单少，设计方案的构思更完善
劣势	◎气温低下，不利于装修工人施工 ◎水泥砂浆易冻结，而且黏结强度不高，在低温下铺的瓷砖到夏季高温时容易出现脱落的问题 ◎容易由于春节假期而延误工期 ◎北方冬季风沙较大，容易影响油漆效果 ◎容易引发墙面裂纹 ◎较少开窗通风，导致有害气体容易在居室内聚集，难以释放

化解冬季装修劣势的方法

①材料保存注意防冻、防开裂。例如水性涂料、胶类应该存放在温度较高的房间，不要将其放在阳台或是朝北的房间，以防止被冻坏；装饰面板不要放在通风口或是暖气旁。

②大风降温天气不宜进行油工作业，容易附着尘土。保证涂料施涂的环境温度不低于5℃，清漆施涂时的环境温度则不低于8℃。为防止沙粒落在油漆表面上，要紧闭门窗。

③门窗的缝不宜太小。铺实木地板时，四周要留出2mm左右的伸缩缝，做家具时，也需留出0.1mm左右的接口缝，地板与墙的接缝处用地板压条形成过渡。

④冬季地砖、瓷砖在铺装之前要经过泡水处理，一定要使水分达到饱和状态。从室外搬进室内后，应达到室温后再进行铺贴。

⑤应保持室内经常性通风，以充分释放甲醛。

第二章

户型功能改造与
装修风格的选择

家居空间的布局是最为重要的，在布局顺畅后，即使简单
的装修也能够让人享受到高品质的生活，所以，建议先对
户型功能进行改造，而后再选择装修风格满足装饰性。在
确定装修风格的同时，因为不同空间的使用功能是不同的，
所以其设计的重点也存在差异。了解改造、风格设计及空
间重点设计等方面的内容，可以让设计出来的方案更具针
对性和实用性。

扫码下载
家装风格图片

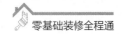

一、户型改造工程

1. 室内不能拆除的结构及能拆除的结构

（1）室内不能拆除的结构

每个家庭都有自己独特的需求，而多数时候，房屋内的布局很难能够百分之百地满足家庭的自我需求，所以就需要对结构或者构件进行改动。在改动结构时需要特别注意，有一些结构是不能进行改动的，否则容易造成一定的安全事故，具体如下。

承重墙
承重墙拆除后会改变房屋受力结构，不可随意在承重墙上打洞或开门

阳台配重墙
阳台配重墙对房屋起一定的配重作用，拆除方式不正确，会导致安全隐患

墙体钢筋
在埋设管线时将钢筋破坏，就会影响到墙体和楼板的承受力

通风系统
室内自带的通风系统主要是窗户，强行去掉分室门上方的玻璃窗，会阻碍室内通风

防水层
防水层的主要作用是防水，如果破坏了本层房屋中的防水层，楼下就会变成"水帘洞"

▲室内不能拆除的结构

家装知识扩展

分辨承重墙的方法。

- 按照原有图纸来标示，黑色墙体为承重墙。
- 找专业人士对房屋的结构进行重新梳理。

分辨承重墙的实用技巧。

- 厚度在24cm以上的墙最好不要拆，大多是承重或配重墙。
- 承重墙一般较密实，用手敲击闷实而无声响。
- 一般在砖混结构建筑物中，凡是预制板墙都不能拆除或开门开窗。

分辨可以拆改的阳台配重墙。

- 阳台宽度超过1.2m。
- 阳台侧面有墙托着。
- 配重墙两侧有超过1/3的承重墙支撑。

（2）室内可以拆除的结构

除了不能够拆除的一些结构外，室内有一些结构是可以进行拆除的，具体如下。

非承重墙体

非承重墙指不承担重量只是起到间隔作用的墙体，拆除后重组，可令室内布局更合理，也可省室内空间

隐蔽工程

若购买的是二手房，将老化与负荷不足的水电路拆除后，可避免安全隐患

门窗

如果购买的房子使用年限已经在 10 年以上，大门和外窗的密封性会大幅度下降，建议尽可能全部更换

2. 拆除工程的合理顺序

如果购买的是毛坯房，拆除时根据需要拆除隔墙和构件即可，如果购买的是二手房，拆除时建议遵循以下顺序。

拆装饰物和木制品

拆除室内空间中所有的装饰物和木制品，如墙面装饰、木质垭口等

拆除不必要的隔墙

拆除妨碍格局的隔墙，但不应再对房间结构做大改动

铲除墙面和顶面涂料

铲墙皮要铲到露出水泥墙或毛坯墙面；铲除墙面时要注意保护墙面上的电路或电源

检查遗漏

当设备、结构、墙面、卫浴、厨房都拆除完后，要检查遗落部分并清理

拆除厨卫瓷砖

将厨房和卫生间内的墙、地砖拆除，在进行时，应避免碎片堵塞下水道

非承重墙拆除时需注意的问题

- 拆除墙体时，要事先断电，避免发生事故。不要野蛮施工，否则容易弄断墙体中的电路。
- 拆改之前要对电路的改造方向进行详细考虑。
- 拆除时应叮嘱工人，不要切断视频线和宽带网线，防止装修后信号不通。

● 配重墙

房间与阳台之间窗以下的墙即为"配重墙"，起着挑起阳台的作用，是不能拆除的结构。

● 预制板墙

由硅酸盐水泥与钢筋龙骨预制而成的墙体，一般由模板预制为板状，因而称之为预制板墙。

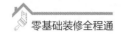

3.根据合理动线确定拆除部位

（1）家居空间分区要点

家居空间按照性质可分为不同的区域，其分区要点即：公私分区、动静分区。

①公私分区：公私分区是按照空间使用功能的私密程度的层次来划分的，也可以称为内外分区。

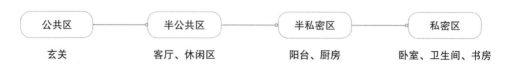

▲公私分区示意

②动静分区：户型的动静分区指的是客厅、餐厅、厨房等主要供人活动的场所，与卧室、书房等供人休息的场所分开，互不干扰。

（2）合理的动线

每个家庭因为生活习惯、人口数量等因素的差异，都会存在一些不同的需求，所以即使是同一个户型，对于不同家庭来说，每个区域的使用功能也是不同的。因此，判断一个家居空间的区域划分是否合理，就要看其动线规划是否合理。合理的动线，即从入户门进客厅、卧室、厨房的三条动线不会交叉，而且做到动静分离，互不干扰。

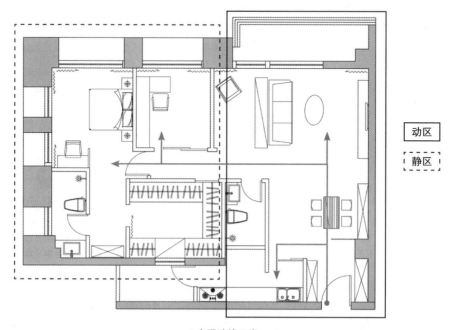

▲合理动线示意

（3）拆除部位的确定

在不对整体规划有大的妨碍时，不建议对家居空间的墙面进行拆除。如果妨碍了动线或者对某个区域中的生活需求规划造成了影响，才可对可拆除部位进行拆除。

①妨碍合理动线：即对动线的合理性产生了妨碍，让动、静两区产生了交叉，或者让某一条路线被延长，严重影响生活质量，此时，即可做适当拆除。

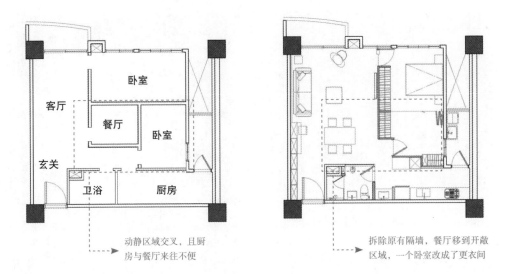

動静区域交叉，且厨房与餐厅来往不便

拆除原有隔墙，餐厅移到开敞区域，一个卧室改成了更衣间

▲ 满足合理动线拆除示意

②不能满足生活需求：对于某一区域内空间的现有划分不能够完全满足业主的生活需求，此时，即可对有妨碍的部分进行拆除。例如，业主希望书房包含在主卧室内，夜晚办公完毕后无需再进出门才能回到主卧室，即可拆除主卧和相邻房间之间的非承重墙来达到目的。

预计做主卧室与预计做书房的空间之间，需要通过两道门来回，不能满足需求

拆除两部分之间的非承重墙，将书房归纳到主卧中，可无阻碍通行

▲ 满足生活需求合理拆除示意

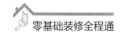
二、装修风格的选择

1. 选择装修风格的方式

每一种家居风格都有其代表性元素，总体来看，可以将其分成四个方面，在选择家居的装修风格时，既可以分别从四个方面的某一方面入手，也可以从多个方面入手。

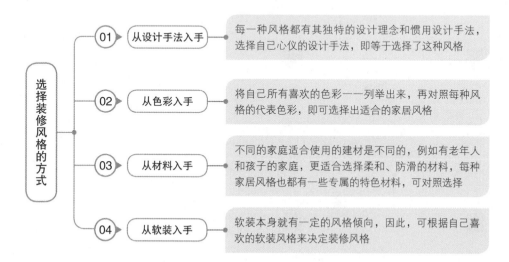

选择装修风格的方式

- 选择装修风格的方式
  - 01 从设计手法入手 —— 每一种风格都有其独特的设计理念和惯用设计手法，选择自己心仪的设计手法，即等于选择了这种风格
  - 02 从色彩入手 —— 将自己所有喜欢的色彩一一列举出来，再对照每种风格的代表色彩，即可选择出适合的家居风格
  - 03 从材料入手 —— 不同的家庭适合使用的建材是不同的，例如有老年人和孩子的家庭，更适合选择柔和、防滑的材料，每种家居风格也都有一些专属的特色材料，可对照选择
  - 04 从软装入手 —— 软装本身就有一定的风格倾向，因此，可根据自己喜欢的软装风格来决定装修风格

▲选择装修风格的方式

2. 风格小调查，确定自己的喜好

根据自己的喜好，在以下每种风格特征前做记号，最后所做记号最多的一种即为自己最喜欢的风格。

（1）现代风格

装修总体规划

☐ 喜欢宽敞、流畅的布局，不喜欢太多隔断

☐ 喜欢强调个性与时尚感

☐ 更愿意将预算花在软装上

具体设计方式

☐ 喜欢明快的色调

☐ 喜欢黑白、黄色、红色等对比强烈的色彩

☐ 喜欢玻璃、金属等材料

☐ 喜欢充满科技感、有创意的东西

☐ 对家具的喜好偏向现代风格

（2）简约风格

装修总体规划

☐ 喜欢明亮、宽敞的布局

☐ 家居空间强调干净、通透

☐ 追求"重装饰、轻装修"的装修方式

具体设计方式

☐ 喜欢黑、白、灰等无色系色彩

☐ 喜欢清雅色调或浅茶色、棕色等中间色调

☐ 喜欢光泽感比较强的材料，如大理石、玻璃等

☐ 对直线、大面积色块、几何图案感兴趣

☐ 对家具的喜好偏向低矮、直线条，或是多功能的家具

☐ 喜欢简洁感的装饰画及饰品

（3）北欧风格

装修总体规划

☐ 喜欢明亮、宽敞的布局

☐ 喜欢无阻碍、流动感强的空间

☐ 比起硬装，更注重软装的布置

具体设计方式

☐ 喜欢以黑、白、灰为主的配色方式

☐ 喜欢茱萸粉、薄荷绿等莫兰迪色系的色彩

☐ 喜欢亲和感强的木质类材料

☐ 偏好直线条和几何类型的造型，或北欧动植物类图案

☐ 喜欢造型简洁的家具，或如伊姆斯椅等北欧风格家具

（4）工业风格

装修总体规划

☐ 喜欢类似"厂房"一样的布局

☐ 喜欢粗犷感或机械感

具体设计方式

☐ 喜欢黑、白、灰等无色系色彩或砖红、棕红等色彩

☐ 喜欢金属类的装饰材料，如拉丝不锈钢或带有做旧感的铁艺等

☐ 喜欢原始的砖墙、水泥墙或带有沧桑感的原木

☐ 喜欢较具有厚重感的皮革家具或铁艺家具

☐ 喜欢暖黄色灯光的灯具

☐ 喜欢工业感较强的造型，如齿轮、水管等

☐ 对复古且个性的装饰品感兴趣，如自行车、旧风扇、旧汽车牌等

（5）中式古典风格

装修总体规划

☐ 在布局上倾向严格的中轴对称原则

☐ 强调家居空间古色古香、富有文化气息的氛围

☐ 喜欢有移步换景效果的布局形式

☐ 对硬装和软装都具有一定的追求，装修资金充足

具体设计方式

☐ 喜欢中式古典建筑（如故宫、颐和园）的设计方式

☐ 对中式古典颜色情有独钟，如中国红、杏黄、黛蓝等

☐ 喜欢木质材料，特别是实木材料

☐ 有收藏青花瓷、字画、文房四宝的爱好，喜欢花鸟鱼虫等装饰

☐ 喜欢明清风格的家具，如圈椅、博古架、隔扇等

（6）新中式风格

装修总体规划

☐ 在布局上比较喜欢严谨或倾向于对称的形式

☐ 喜欢古雅的中式气质，又觉得古典中式过于庄重、严肃

具体设计方式

☐ 喜欢融入现代元素的、具有简洁感的中式元素造型

☐ 喜欢黑、白、灰、棕等素雅配色或具有中式古典特征的色彩，如中国红、杏黄、黛蓝等

☐ 喜欢木质材料与现代材料的搭配方式，如木料搭配玻璃、木料搭配大理石等

☐ 喜欢设计中带有明清家具元素的家具

☐ 喜欢中式镂空雕花、仿古灯等中式元素装饰

☐ 喜欢带有中式色彩的装饰品，如丝绸靠枕、简化的水墨画、鸟笼摆件等

（7）欧式古典风格

装修总体规划

☐ 家居面积大于 $130m^2$

☐ 对硬装和软装都具有一定的追求，装修预算充足

☐ 喜欢体现欧式人文历史文化的家居氛围

具体设计方式

☐ 喜欢明黄、金色等颜色渲染出的富丽堂皇的氛围

☐ 喜欢大理石（或仿大理石地砖）拼花地面

☐ 对于欧式拱门和精美雕花的罗马柱情有独钟

☐ 喜欢经典的欧式花纹，如佩里斯纹、大马士革玫瑰纹等

☐ 喜欢奢华的水晶灯、罗马帘、壁炉等古典风格装饰，喜欢各种西洋油画

（8）简欧风格

装修总体规划

☐ 不喜欢过于繁复的造型，想突出随意、舒适的空间感受

☐ 想避免传统欧式家居的奢华，又期待拥有欧式风格的高雅

具体设计方式

☐ 喜欢白色＋金色为主搭配出的高雅和谐的氛围

☐ 喜欢欧式花纹、装饰线

☐ 不喜欢板式家具，喜欢有波状线条和富有层次感的家具

☐ 喜欢大理石或拼花地面

☐ 对于各种白色描金的器具非常喜欢

（9）美式乡村风格

装修总体规划

☐ 家居面积大于 100m^2

☐ 喜欢自然有氧、具有自由感和舒适感的家居环境

☐ 重视家具和日常用品的实用和坚固

具体设计方式

☐ 喜欢质朴的大地色或比邻（蓝、红、白）为主的配色

☐ 喜欢带有自由感的拱形造型

☐ 喜欢棉麻等天然材质的布艺，可以接受粗犷的材质（如硅藻泥墙面、复古砖）

☐ 喜欢带有仿旧效果、式样厚重、质朴的家具

☐ 喜欢花鸟等自然系列的图案及铁艺、大型绿植等类型的装饰

（10）现代美式风格

装修总体规划

☐ 喜欢具有舒适感和大方感的布局形式

☐ 喜欢具有简洁、爽朗感的空间效果

具体设计方式

☐ 喜欢明朗恬静的色彩搭配方式，如白色搭配蓝色和黄色、白色搭配米色、棕色等

☐ 喜欢简洁一些的欧式线条造型，如墙线、直线条的护墙板等

☐ 喜欢天然的材质，如棉麻、原木色木料或经过油漆的木料等

☐ 喜欢宽大但没有太多厚重感的家具

☐ 喜欢带有自然元素图案的装饰，如花鸟图案靠枕、装饰画等

（11）日式风格

装修总体规划

☐ 在布局上比较喜欢空间的流动与分隔

☐ 喜欢简洁、明快的时代感

具体设计方式

☐ 喜欢以素雅感为主的配色方式，如木色搭配白色或米色、木色搭配淡蓝色等

☐ 喜欢浅色系的木质材料以及棉麻、纸等亚光自然类材料

☐ 喜欢几何造型或单纯的线面造型

☐ 喜欢和式风格的图案，如海浪、富士山、浮世绘等

☐ 喜欢低矮且体量不大、以木质材料为主的家具

☐ 喜欢榻榻米或地台

（12）地中海风格

装修总体规划

☐ 喜欢明亮、宽敞的布局

☐ 空间强调通透性，拥有良好的光线

具体设计方式

☐ 喜欢海洋的清新、自然浪漫的氛围

☐ 不排斥蓝色、白色、绿色等冷色调

☐ 对于各种拱形门、拱形窗情有独钟

☐ 喜欢铁艺雕花及马赛克拼花

☐ 喜欢各种造型的饰品（如船形、贝壳、海星）

（13）东南亚风格

装修总体规划

☐ 向往较浓烈的异域风情

☐ 对硬装和软装均有一定的追求，但更重视软装的质感

具体设计方式

□ 喜欢天然的木材、藤、竹等质朴材质

□ 喜欢以大地色系为主的配色方式，但能接受很艳丽的色彩，如橙色、明黄、果绿色

□ 喜欢富有禅意的饰品，如佛手、佛像；对于各种木雕情有独钟

（14）欧式田园风格

装修总体规划

□ 强调自然居家气氛、接近大自然的感觉

具体设计方式

□ 对于各种纯天然的色彩情有独钟，如大地色、红色、绿色、黄色等

□ 喜欢天然类的材料，如木质材料、棉麻材料等

□ 喜欢造型流畅、材质天然且具有舒适感的家具

□ 喜欢碎花、格子、条纹等具有田园代表性的图案

（15）法式宫廷风格

装修总体规划

□ 喜欢突出轴线对称的局部形式

□ 喜欢能够渲染出恢宏的气势及豪华舒适氛围的设计风格

具体设计方式

□ 喜欢金色为主的配色，搭配白色、紫色、蓝色、红色等

□ 喜欢具有华丽感的装饰线条，如金漆石膏线等

□ 喜欢造型复杂的护墙板

□ 喜欢类似丝绒、丝绸等具有奢华感的布艺材料

□ 喜欢纤细弯曲的尖腿且带有金漆装饰的华丽家具

（16）法式乡村风格

装修总体规划

□ 喜欢具有自然感和惬意感的设计风格

□ 有比较充足的预算，既追求硬装效果也追求软装效果

具体设计方式

□ 喜欢自然类的装饰材料及墙纸

□ 喜欢直线为主的欧式装饰线条造型

□ 喜欢植物纹样、花鸟图案或乡村风格图案

□ 喜欢洗白木质框架搭配布艺的家具或木质手绘家具

3. 了解每种装修风格的特征

（1）引导潮流的现代风格

现代风格的主要特点及设计要点如下所示。

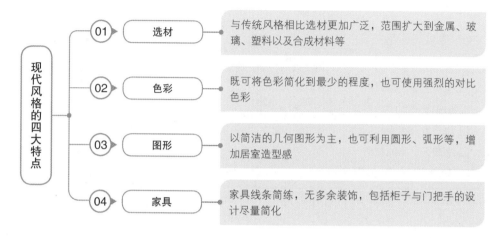

现代风格的四大特点

- **01 选材** ▶ 与传统风格相比选材更加广泛，范围扩大到金属、玻璃、塑料以及合成材料等
- **02 色彩** ▶ 既可将色彩简化到最少的程度，也可使用强烈的对比色彩
- **03 图形** ▶ 以简洁的几何图形为主，也可利用圆形、弧形等，增加居室造型感
- **04 家具** ▶ 家具线条简练，无多余装饰，包括柜子与门把手的设计尽量简化

▲现代风格的主要特点

现代风格的设计要点	
名称	**概述**
常用建材	复合地板、不锈钢、文化石、大理石、木饰墙面、玻璃、条纹墙纸、珠线帘
常用家具	造型茶几、躺椅、布艺沙发、线条简练的板式家具
常用配色	红色系、黄色系、黑色系、白色系、对比色
常用装饰	抽象艺术画、无框画、金属灯罩、时尚灯具、玻璃制品、金属工艺品、马赛克拼花背景墙、隐藏式厨房电器
常用形状图案	几何结构、直线、点线面组合、方形、弧形

▲背景墙及地面大量使用大理石

▲墙面造型以利落的直线为主

（2）简洁明快的简约风格

简约风格的主要特点及设计要点如下所示。

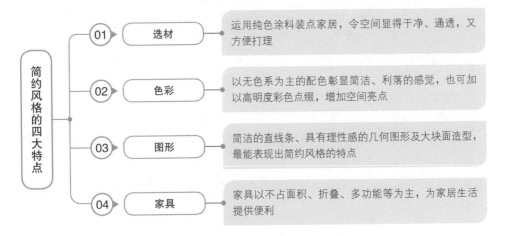

简约风格的四大特点

01	选材	运用纯色涂料装点家居，令空间显得干净、通透，又方便打理
02	色彩	以无色系为主的配色彰显简洁、利落的感觉，也可加以高明度彩色点缀，增加空间亮点
03	图形	简洁的直线条、具有理性感的几何图形及大块面造型，最能表现出简约风格的特点
04	家具	家具以不占面积、折叠、多功能等为主，为家居生活提供便利

▲简约风格的主要特点

简约风格的设计要点	
名称	概述
常用建材	纯色涂料、纯色墙纸、条纹墙纸、抛光砖、通体砖、镜面/烤漆玻璃、石材、石膏板造型
常用家具	低矮家具、直线条家具、多功能家具、带有收纳功能的家具
常用配色	白色＋黑色、白色＋灰色、白色＋黑色＋灰色、白色＋木色/米色、白色＋灰色/黑色＋彩色
常用装饰	纯色地毯、抽象图案地毯、几何图案地毯、黑白装饰画、无框或窄框装饰画、金属果盘、玻璃摆件、吸顶灯、吊顶、灯槽
常用形状图案	直线、直角、大面积块块、几何图案、条纹图案

▲纯色涂料墙面搭配低矮的直线条家具

▲几何图案地毯与黑白装饰画组合

（3）取材天然的北欧风格

北欧风格的主要特点及设计要点如下所示。

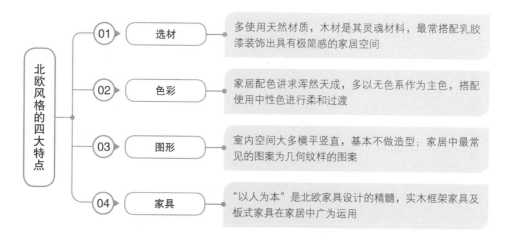

北欧风格的四大特点

01 选材 —— 多使用天然材质，木材是其灵魂材料，最常搭配乳胶漆装饰出具有极简感的家居空间

02 色彩 —— 家居配色讲求浑然天成，多以无色系作为主色，搭配使用中性色进行柔和过渡

03 图形 —— 室内空间大多横平竖直，基本不做造型；家居中最常见的图案为几何纹样的图案

04 家具 —— "以人为本"是北欧家具设计的精髓，实木框架家具及板式家具在家居中广为运用

▲北欧风格的主要特点

北欧风格的设计要点	
名称	概述
常用建材	木质材料、板材、石材、藤、白色砖墙、乳胶漆、釉面砖、玻璃、铁艺、木地板
常用家具	板式家具、布艺沙发、带有收纳功能的家具、符合人体曲线的家具、经典北欧家具
常用配色	白色＋黑色＋灰色、白色＋黑色＋灰色＋彩色、原木色、具有柔和感和纯净感的浅蓝色、果绿色、柔粉色、米色等
常用装饰	几何造型或简约造型的灯具、木相框或画框、北欧元素组合装饰画、照片墙、挂盘、绿植
常用形状图案	直线为主的线条、几何造型及图案、大面积几何色块

▲家具使用木料制作

▲几何造型吊顶与北欧元素装饰画的组合运用

（4）粗犷原始的工业风格

工业风格的主要特点及设计要点如下所示。

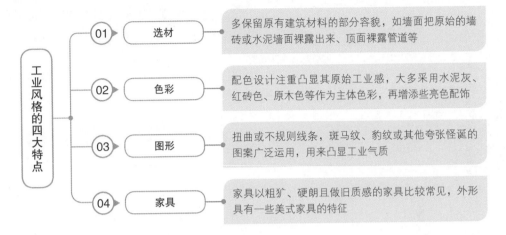

工业风格的四大特点	01　选材	多保留原有建筑材料的部分容貌，如墙面把原始的墙砖或水泥墙面裸露出来、顶面裸露管道等
	02　色彩	配色设计注重凸显其原始工业感，大多采用水泥灰、红砖色、原木色等作为主体色彩，再增添些亮色配饰
	03　图形	扭曲或不规则线条，斑马纹、豹纹或其他夸张怪诞的图案广泛运用，用来凸显工业气质
	04　家具	家具以粗犷、硬朗且做旧质感的家具比较常见，外形具有一些美式家具的特征

▲工业风格的主要特点

工业风格的设计要点	
名称	概述
常用建材	灰色水泥、红砖、做旧的木材、质朴的铁艺
常用家具	水管风格家具、做旧的木家具、铁质架子、水管造型家具、Tolix金属椅等
常用配色	黑、白、灰中两种或三种组合为主的配色，搭配木色、棕色及蓝色、红色、绿色等其他彩色；或红砖色为主的配色，搭配黑白灰、棕色及其他彩色等
常用装饰	扭曲线条的吊灯，水管造型的摆件，旧皮箱、旧风扇等旧物，羊头、油画、木版画等细节装饰
常用形状图案	扭曲或者不规则的线条以及简洁的几何形体，点、线、面，直、曲、折弯等造型

▲做旧木茶几与红砖墙的搭配

▲羊头、旧风扇等装饰强化粗犷感

（5）古色古香的中式古典风格

中式古典风格的主要特点及设计要点如下所示。

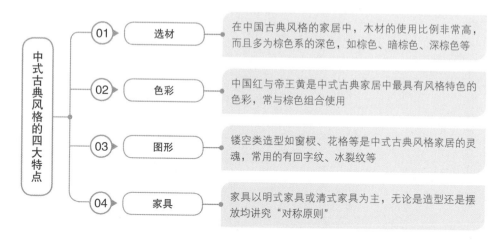

中式古典风格的四大特点		
01	选材	在中国古典风格的家居中，木材的使用比例非常高，而且多为棕色系的深色，如棕色、暗棕色、深棕色等
02	色彩	中国红与帝王黄是中式古典家居中最具有风格特色的色彩，常与棕色组合使用
03	图形	镂空类造型如窗棂、花格等是中式古典风格家居的灵魂，常用的有回字纹、冰裂纹等
04	家具	家具以明式家具或清式家具为主，无论是造型还是摆放均讲究"对称原则"

▲中式古典风格的主要特点

中式古典风格的设计要点	
名称	**概述**
常用建材	木材、文化石、青砖、中式古典元素墙纸、木地板
常用家具	明清家具、圈椅、案类家具、坐墩、博古架、隔扇、中式架子床
常用配色	棕色为主的配色，如棕色＋白色＋淡米色/淡米黄色、棕色＋白色/米色＋皇家彩色（中国红、帝王黄、靛蓝）等
常用装饰	宫灯、青花瓷、中式屏风、中国结、文房四宝、书法作品、中国画、木雕花壁挂、菩萨、佛像、挂落、雀替等
常用形状图案	垭口、藻井吊顶、窗棂、镂空类造型、回字纹、冰裂纹、福禄寿字样、牡丹图案、龙凤图案、祥兽图案

▲墙面使用棕色系的木质饰面板

▲镂空造型的垭口具有显著的中式特征

（6）沉稳大气的新中式风格

新中式风格的主要特点及设计要点如下所示。

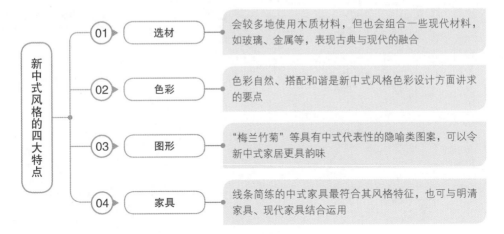

新中式风格的四大特点

| 01 | 选材 | 会较多地使用木质材料，但也会组合一些现代材料，如玻璃、金属等，表现古典与现代的融合 |

| 02 | 色彩 | 色彩自然、搭配和谐是新中式风格色彩设计方面讲求的要点 |

| 03 | 图形 | "梅兰竹菊"等具有中式代表性的隐喻类图案，可以令新中式家居更具韵味 |

| 04 | 家具 | 线条简练的中式家具最符合其风格特征，也可与明清家具、现代家具结合运用 |

▲新中式风格的主要特点

新中式风格的设计要点	
名称	概述
常用建材	木材、板材、竹、藤、石材、仿石材瓷砖、花鸟或水墨图案的墙纸、玻璃、金属
常用家具	圈椅、无雕花架子床、简约化博古架、线条简练的中式家具、现代家具＋清式家具
常用配色	黑/棕、白、灰组合或在黑/棕、白、灰组合上，用中国红、黄、蓝、绿、紫、青等作为局部色彩
常用装饰	仿古灯、青花瓷、茶案、古典乐器、菩萨、佛像、花鸟图、水墨山水画、中式书法
常用形状图案	中式镂空雕刻、中式雕花吊顶、直线条、荷花图案、梅兰竹菊、龙凤图案、骏马图案

▲木质板材大量用于墙面部分

▲棕色系与中国红、蓝、黄的色彩设计

（7）雍容华贵的欧式古典风格

欧式古典风格的主要特点及设计要点如下所示。

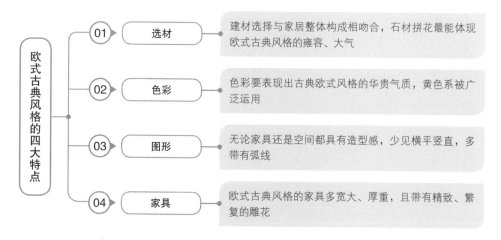

欧式古典风格的四大特点

- 01 **选材** —— 建材选择与家居整体构成相吻合，石材拼花最能体现欧式古典风格的雍容、大气
- 02 **色彩** —— 色彩要表现出古典欧式风格的华贵气质，黄色系被广泛运用
- 03 **图形** —— 无论家具还是空间都具有造型感，少见横平竖直，多带有弧线
- 04 **家具** —— 欧式古典风格的家具多宽大、厚重，且带有精致、繁复的雕花

▲欧式古典风格的主要特点

欧式古典风格的设计要点	
名称	概述
常用建材	石材拼花、仿石材瓷砖、镜面、护墙板、欧式花纹墙布或墙纸、软包、天鹅绒
常用家具	色彩浓郁的沙发、兽腿家具、贵妃沙发床、欧式四柱床、床尾凳
常用配色	经常运用明黄色、金色、红棕色等古典常用色来渲染空间氛围，可以营造出富丽堂皇的效果，表现出古典欧式风格的华贵气质
常用装饰	大型灯池、造型复杂的水晶吊灯、欧式地毯、罗马帘、壁炉、西洋画、装饰柱、雕像、西洋钟、欧式红酒架
常用形状图案	藻井式吊顶、拱顶、花纹石膏线、欧式门套、拱门

▲石材拼花地面搭配欧式花纹墙纸

▲造型复杂的水晶吊灯强化了华丽感

（8）轻奢唯美的简欧风格

简欧风格的主要特点及设计要点如下所示。

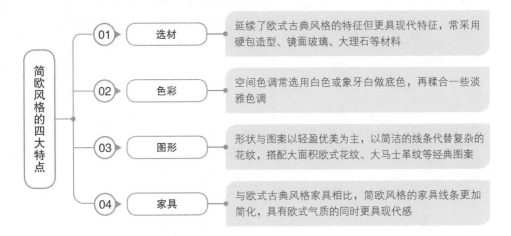

简欧风格的四大特点

01	选材	延续了欧式古典风格的特征但更具现代特征，常采用硬包造型、镜面玻璃、大理石等材料
02	色彩	空间色调常选用白色或象牙白做底色，再糅合一些淡雅色调
03	图形	形状与图案以轻盈优美为主，以简洁的线条代替复杂的花纹，搭配大面积欧式花纹、大马士革纹等经典图案
04	家具	与欧式古典风格家具相比，简欧风格的家具线条更加简化，具有欧式气质的同时更具现代感

▲简欧风格的主要特点

简欧风格的设计要点	
名称	概述
常用建材	石膏板工艺、装饰线、镜面玻璃顶面、花纹墙纸、护墙板、软包墙面、大理石、木地板
常用家具	线条简化的欧式风格家具、木框架布艺主体沙发、曲线家具、真皮沙发、皮革餐椅
常用配色	白色、象牙白、米黄色、淡蓝色等是比较常见的主色，搭配深棕色、黑色等
常用装饰	铁艺枝灯、欧风茶具、抽象图案/几何图案地毯、罗马柱壁炉外框、欧式花器、线条烦琐且厚重的画框、雕塑、天鹅陶艺品、欧风工艺品、帐幔
常用形状图案	波状线条、欧式花纹、装饰线、对称布局、雕花

▲墙面使用直线条为主的装饰性造型

▲对称布局装饰线造型设计的背景墙

（9）温暖舒适的美式乡村风格

美式乡村风格的主要特点及设计要点如下所示。

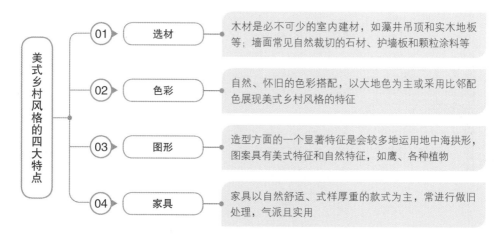

美式乡村风格的四大特点

01	选材	木材是必不可少的室内建材，如藻井吊顶和实木地板等；墙面常见自然裁切的石材、护墙板和颗粒涂料等
02	色彩	自然、怀旧的色彩搭配，以大地色为主或采用比邻配色展现美式乡村风格的特征
03	图形	造型方面的一个显著特征是会较多地运用地中海拱形，图案具有美式特征和自然特征，如鹰、各种植物
04	家具	家具以自然舒适、式样厚重的款式为主，常进行做旧处理，气派且实用

▲美式乡村风格的主要特点

美式乡村风格的设计要点	
名称	概述
常用建材	文化石、砖墙、硅藻泥墙面、花纹墙纸、护墙板、实木、棉麻布艺、仿古地砖、釉面砖
常用家具	带有做旧痕迹的实木家具、宽大厚重的皮沙发、摇椅、四柱床
常用配色	棕色、褐色以及旧白色、米黄色等为主；或以比邻配色为主，红色、蓝色、绿色出现在墙面或家具上，红色系可用棕色或褐色代替
常用装饰	铁艺灯、树脂鹿角灯、金属风扇、自然风光的油画、大朵花卉图案地毯、壁炉、金属工艺品、仿古装饰品、野花插花、绿叶盆栽
常用形状图案	鹰形图案、人字形吊顶、藻井式吊顶、浅浮雕、圆润的线条（拱门）

▲硅藻泥墙面搭配仿古砖地面

▲树脂鹿角灯与圆润线条的组合设计

（10）大方爽朗的现代美式风格

现代美式风格的主要特点及设计要点如下所示。

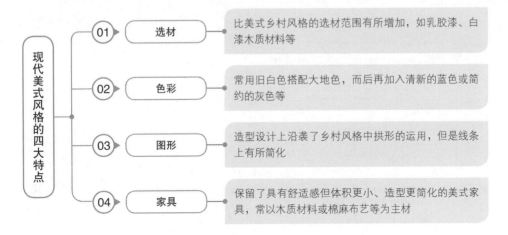

现代美式风格的四大特点

01 选材 — 比美式乡村风格的选材范围有所增加，如乳胶漆、白漆木质材料等

02 色彩 — 常用旧白色搭配大地色，而后再加入清新的蓝色或简约的灰色等

03 图形 — 造型设计上沿袭了乡村风格中拱形的运用，但是线条上有所简化

04 家具 — 保留了具有舒适感但体积更小、造型更简化的美式家具，常以木质材料或棉麻布艺等为主材

▲现代美式风格的主要特点

现代美式风格的设计要点	
名称	概述
常用建材	乳胶漆、纯色系列的简化造型护墙板、木质材料、仿古砖、本色棉麻、装饰线条
常用家具	实木扶手或实木腿组合布艺或皮革的沙发、简化线条深色木纹或纯色的实木家具
常用配色	白色＋大地色系＋蓝色、白色＋大地色＋对比色、白色＋大地色系、白色＋大地色＋灰色
常用装饰	自然元素的装饰画、复古金属摆件、金属和玻璃组合的灯具、黑白摄影画或抽象画、动感线条的布艺
常用形状图案	有所简化的圆润线条及简洁的直线条造型

▲乳胶漆顶面与白色简化造型护墙板的设计组合

▲简洁的直线造型线条墙搭配风景主题装饰画

（11）禅意悠远的日式风格

日式风格的主要特点及设计要点如下所示。

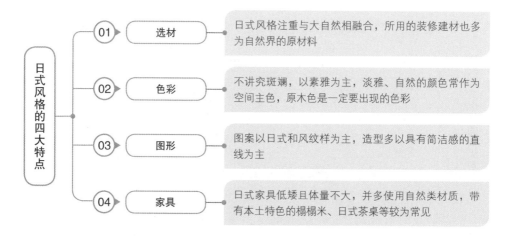

日式风格的四大特点

01	选材	日式风格注重与大自然相融合，所用的装修建材也多为自然界的原材料
02	色彩	不讲究斑斓，以素雅为主，淡雅、自然的颜色常作为空间主色，原木色是一定要出现的色彩
03	图形	图案以日式和风纹样为主，造型多以具有简洁感的直线为主
04	家具	日式家具低矮且体量不大，并多使用自然类材质，带有本土特色的榻榻米、日式茶桌等较为常见

▲日式风格的主要特点

日式风格的设计要点	
名称	概述
常用建材	木质材料、纯色涂料、素雅的墙纸、和纸、草编藤类建材、竹质材料
常用家具	榻榻米、榻榻米座椅、茶桌、具有简洁线条的原木色家具
常用配色	原木色+白色、原木色+米黄色、原木色+黑色、白色或灰色、原木色+不鲜艳的彩色
常用装饰	招财猫、和风锦鲤装饰、和服人偶工艺品、浮世绘装饰画、水墨画、清水烧茶具、枯木装饰、东方气质的花艺
常用形状图案	樱花、海浪、团扇、浮世绘、日本歌舞伎、鲤鱼和仙鹤等日式传统图案或中式水墨图案

▲墙面、地面和家具上均使用了木质材料

▲榻榻米是日式风格的代表性家具

（12）浪漫优雅的地中海风格

地中海风格的主要特点及设计要点如下所示。

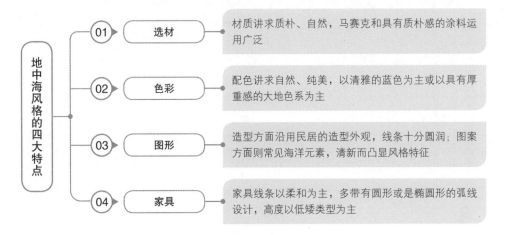

地中海风格的四大特点

01 选材 — 材质讲求质朴、自然，马赛克和具有质朴感的涂料运用广泛

02 色彩 — 配色讲求自然、纯美，以清雅的蓝色为主或以具有厚重感的大地色系为主

03 图形 — 造型方面沿用民居的造型外观，线条十分圆润；图案方面则常见海洋元素，清新而凸显风格特征

04 家具 — 家具线条以柔和为主，多带有圆形或是椭圆形的弧线设计，高度以低矮类型为主

▲地中海风格的主要特点

地中海风格的设计要点	
名称	概述
常用建材	原木、马赛克、仿古砖、花砖、手绘墙、白灰泥墙、硅藻泥墙面、海洋风墙纸、铁艺栏杆、棉织品
常用家具	锻打铁艺家具、木色或纯色系的木质家具、布艺沙发、船形家具、白色四柱床
常用配色	蓝色＋白色，蓝色组合白色再与黄色、蓝紫色、绿色搭配；土黄、红褐等大地色系搭配深红、靛蓝等
常用装饰	地中海拱形窗、地中海吊扇灯、壁炉、铁艺吊灯、铁艺装饰品、瓷器挂盘、格子桌布、贝壳装饰、海星装饰、船模、船锚装饰
常用形状图案	拱形、条纹、格子纹、鹅卵石图案、罗马柱式装饰线、不修边幅的线条

▲硅藻泥墙面与马赛克及仿古地砖的组合

▲船形家具具有强烈的海洋气息

（13）异域风情的东南亚风格

东南亚风格的主要特点及设计要点如下所示。

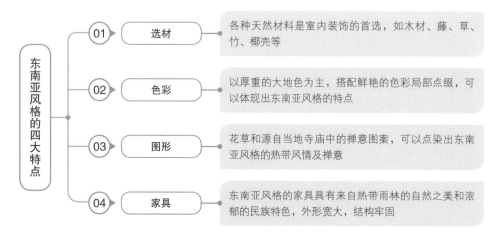

东南亚风格的四大特点	**01** 选材	各种天然材料是室内装饰的首选，如木材、藤、草、竹、椰壳等
	02 色彩	以厚重的大地色为主，搭配鲜艳的色彩局部点缀，可以体现出东南亚风格的特点
	03 图形	花草和源自当地寺庙中的禅意图案，可以点染出东南亚风格的热带风情及禅意
	04 家具	东南亚风格的家具具有来自热带雨林的自然之美和浓郁的民族特色，外形宽大，结构牢固

▲东南亚风格的主要特点

东南亚风格的设计要点	
名称	**概述**
常用建材	木材、板材、石材、藤、麻绳、彩色玻璃、黄铜、金属色墙纸、泰丝、绒布
常用家具	实木家具、木雕家具、藤艺家具、无雕花架子床
常用配色	大地色＋白色＋米色、大地色＋白色＋绿色、大地色＋白色＋蓝色、紫色、橙色、绿色、黄色、粉色中的一种或几种
常用装饰	烛台、实木灯具、藤编灯具、浮雕、佛手、木雕、锡器、铜雕、纱幔、大象饰品、泰丝抱枕、青石缸、花草植物
常用形状图案	树叶图案、芭蕉叶图案、莲花图案、棕榈叶图案、佛像图案

▲木质材料及藤制家具均属于天然材料

▲铜雕及木雕饰品的组合使用

（14）自然有氧的欧式田园风格

欧式田园风格的主要特点及设计要点如下所示。

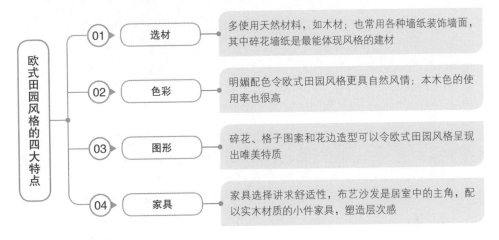

欧式田园风格的四大特点

- **01** 选材 ── 多使用天然材料，如木材；也常用各种墙纸装饰墙面，其中碎花墙纸是最能体现风格的建材
- **02** 色彩 ── 明媚配色令欧式田园风格更具自然风情；本木色的使用率也很高
- **03** 图形 ── 碎花、格子图案和花边造型可以令欧式田园风格呈现出唯美特质
- **04** 家具 ── 家具选择讲求舒适性，布艺沙发是居室中的主角，配以实木材质的小件家具，塑造层次感

▲欧式田园风格的主要特点

欧式田园风格的设计要点	
名称	概述
常用建材	木材、板材、藤、竹、仿古砖、布艺墙纸、纯棉布艺、大花或碎花墙纸、条纹或格子墙纸
常用家具	胡桃木家具、纯色木质家具、木质橱柜、高背床、四柱床、手绘家具、碎花布艺家具
常用配色	本木色、黄色系、白色系（奶白、象牙白）、白色+绿色系、明媚的颜色
常用装饰	盘状挂饰、复古花器、复古台灯、田园台灯、木质相框、大花地毯、彩绘陶罐、花卉图案的油画、藤质收纳篮
常用形状图案	碎花、格子、条纹、雕花、植物、花草图案、金丝雀

▲木材墙面及布艺家具的搭配组合

▲白色系与明媚粉色系的组合设计

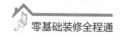

（15）奢华富丽的法式宫廷风格

法式宫廷风格的主要特点及设计要点如下所示。

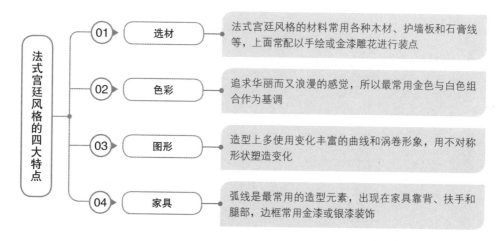

法式宫廷风格的四大特点		
01	选材	法式宫廷风格的材料常用各种木材、护墙板和石膏线等，上面常配以手绘或金漆雕花进行装点
02	色彩	追求华丽而又浪漫的感觉，所以最常用金色与白色组合作为基调
03	图形	造型上多使用变化丰富的曲线和涡卷形象，用不对称形状塑造变化
04	家具	弧线是最常用的造型元素，出现在家具靠背、扶手和腿部，边框常用金漆或银漆装饰

▲法式宫廷风格的主要特点

法式宫廷风格的设计要点	
名称	概述
常用建材	轻薄的金漆装饰线，护墙板，植物的枝叶、贝壳、波浪、珊瑚、海藻等自然元素墙纸，大理石
常用家具	金漆雕花家具、纤细弯曲的尖腿家具
常用配色	金色＋白色＋大地色、金色＋白色＋紫色、红色、蓝色等浓郁但不鲜艳的彩色
常用装饰	小幅面的装饰画或人物主体油画、雕花金框装饰画、水晶灯具、装饰镜、瓷器或金漆摆件等、中式元素的装饰
常用形状图案	曲线造型的纤巧装饰线条等，以及一些L形、S形、C形的弯曲弧度造型

▲金漆装饰线造型的墙面具有浓郁的华丽感

▲曲线造型的家具辅以金漆，纤巧、浪漫、华丽

（16）自然惬意的法式乡村风格

法式乡村风格的主要特点及设计要点如下所示。

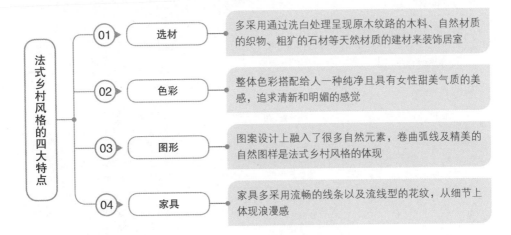

法式乡村风格的四大特点

01	选材	多采用通过洗白处理呈现原木纹路的木料、自然材质的织物、粗犷的石材等天然材质的建材来装饰居室
02	色彩	整体色彩搭配给人一种纯净且具有女性甜美气质的美感，追求清新和明媚的感觉
03	图形	图案设计上融入了很多自然元素，卷曲弧线及精美的自然图样是法式乡村风格的体现
04	家具	家具多采用流畅的线条以及流线型的花纹，从细节上体现浪漫感

▲ 法式乡村风格的主要特点

法式宫廷风格的设计要点	
名称	概述
常用建材	洗白处理的木料、棉麻等自然材质的织物、铁艺、碎花墙纸/墙布、花砖等
常用家具	象牙白家具、木框印花布艺弯腿家具、手绘家具、碎花布艺家具、雕刻嵌花图案家具等
常用配色	象牙白/白色+粉绿，白色+粉蓝，白色+粉色，白色与鹅黄、蓝色、嫩绿组合等
常用装饰	铁艺灯具、水晶灯具、大花图案地毯、法式花器、带流苏的窗帘、金属烛台等
常用形状图案	曲线造型的纤巧装饰线条、自然植物纹样、花草图案、中式风格图案、曲线造型或弧线造型等

▲ 厨房实木橱柜使用了洗白处理的手法

▲ 造型流畅且具有浪漫感的家具

三、了解不同空间的设计要点

1. 客厅的设计要点

（1）客厅空间格局的设计要点

01

位置的选择

客厅不仅是家庭成员的主要活动空间，也是待客的主要场所，从使用的便捷性和舒适性等方面进行考虑，其最佳位置是穿过玄关后即能够见到的、位置朝阳的空间

02

面积的选择

因为容纳人数较多，所以客厅的面积宜大不宜小，建议将户型中最宽敞的空间规划为客厅。如果适合的位置面积过小，可改动格局，将其他临近的次要空间（如书房、餐厅）的隔墙砸掉，并入客厅，两者之间用隔断等方式做软性分隔

03

功能区的确定

功能区的规划以先满足客厅的主要功能为主，需要规划的位置有电视墙、沙发和茶几、角几等，在主要功能区确定后，再结合自身需求，结合第一章中主要活动空间——客厅部分的内容确定附加功能的适合布置区域

▲客厅空间格局的设计要点

（2）客厅照明的设计要点

客厅的面积通常较大，所以需要灯具的种类和数量较多。根据不同的设计方式，主要有使用主灯（安装吊顶或吸顶灯）和不使用主灯（不安装吊顶或吸顶灯）两种设计方式。

使用主灯照明设计要点：结合面积搭配局部照明

大面积客厅

可多设计一些局部光源，如沙发旁若有书架可摆放一盏落地灯，有装饰画或造型的部分设计筒灯或射灯，顶部或电视墙设计暗藏灯带等

小面积客厅

根据需要安排 1~3 处局部光源，不建议灯具数量过多，否则容易使人晕眩且费电

● **主灯**
居于房间靠近中央位置、提供大面积照明的为主灯，如吊灯、吸顶灯等。

● **局部照明**
为满足室内某些部位的特殊需要，在一定范围内设置灯具的照明方式，如筒灯、台灯、落地灯等。

整体照明的设计

此种设计方式，依靠筒灯进行整体照明，按照客厅的面积设计筒灯数量和间隔距离即可

局部照明的设计

根据客厅面积和使用需求，在光源不充足的区域设计局部光源即可

不使用主灯照明设计要点：安排好光源的距离

（3）客厅色彩的设计要点

客厅中的色彩可以根据前面讲解过的每种风格的特征，结合自身的喜好选择适合的主要色彩及搭配方式。

大众选择

客厅属于公共空间，其色彩的设计建议简洁、大气一些。一般情况下，大面积部分（如顶墙地、沙发、柜体、地毯、窗帘等）的色彩数量不宜超过三种（黑、白、灰不计算在内）。如果觉得三种彩色的数量较少，可以多增加一些小块面的色彩进行调节，如小的摆件、花瓶、鲜花、靠枕、装饰画等

个性选择

如果单身或者只有两个人，且很少待客，那么色彩选择可以完全遵循自我喜好来设计，无需考虑大众审美，只要自己觉得适合就可以

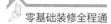

（4）客厅界面的设计要点

顶面设计要点：根据房间的高度和风格进行造型设计

局部吊顶或石膏角线装饰

适合户型：矮房间，中、小面积客厅

适合风格：北欧、简约、现代、工业、日式等风格

复杂样式或多层级吊顶

适合户型：高房间、大面积客厅

适合风格：欧式、美式、法式、地中海、东南亚、中式古典等风格

电视墙做设计

适合户型：中、小面积客厅

适合人群：有影音娱乐需求的人群

墙面设计要点：选择 1~2 个重点设计墙面，重点墙做造型，其他墙面不做造型，或重点墙刷彩色涂料，其他墙刷白涂料

沙发墙做设计

适合户型：中、小面积客厅

适合人群：追求个性的人群

电视墙、沙发墙均做设计

适合户型：中、大面积客厅

适合人群：追求设计感和艺术感的人群

拼花设计或材料拼接设计

适合户型：中、大面积客厅

适合风格：欧式、美式、法式、地中海、东南亚等风格

单一材料铺设

适合户型：中、小面积客厅

适合风格：所有类型的风格

地面设计要点：地面材质要适用于绝大部分或全部家庭成员，不宜选择过于光滑的材料

（5）客餐厅动线规划要点

客厅和餐厅属于家庭中的公共活动区域，通常是连接在一起的，动线设计就需要结合起来进行考虑。客厅是人员走动比较频繁的区域，固定构造物及摆设要符合人的休息和行动需要。在往返客厅与其他区域的行走过程中，家具摆设不能成为阻碍，从客厅到餐厅应以直线距离为佳。

正方形小客厅

①摆放活动式家具，如茶几，可令空间运动更加灵活。

②用家具、隔断或移门区隔空间，如利用鞋柜区隔客厅、玄关及餐厅空间；用移门或隔断区隔客厅与卧室等。

③家具靠一侧墙面摆放，可以节省空间。

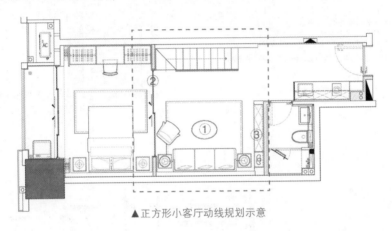

▲正方形小客厅动线规划示意

横长形小客厅

①先进餐厅再进客厅，可以令动线更加顺畅。

②摆放双人沙发，或者L形沙发，搭配可移动的茶几。

③沿墙延伸收纳功能，如餐柜及电视柜可以沿墙规划。

▲狭长形小客厅动线规划示意

● 动线

人在室内移动的点，连接起来就成为动线。家居的动线是设计中相当重要的一环，良好的动线设计即让进到空间的人，在移动时感到舒服，没有障碍物。动线设计需要考虑平面面积和空间高度、空间相互之间的位置关系和高度关系，以及家庭成员的身心状况、活动需求、习惯爱好等。

横长形大客厅

①客厅与餐厅不做间隔，通过开放的设计延伸空间感。

②餐椅后方至少预留 80cm 以上距离，才能不影响餐厅功能，且令动线更方便。

③如果安排餐边柜，则适合靠墙摆放，若与餐椅临近，需注意柜门拉开的距离。

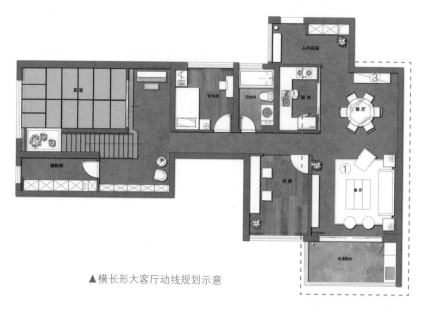

▲横长形大客厅动线规划示意

竖长形大客厅

①通常餐厅设置在沙发后面的空间中，先进餐厅再进客厅，可以令动线更加顺畅。

②如果空间足够宽敞，餐厅与客厅之间可以摆放家具，起到装饰、分隔或收纳的作用，如收纳柜、几案等。

③家具靠一侧摆放，将过道留到另一侧，可以使家居整体空间的动线更方便。

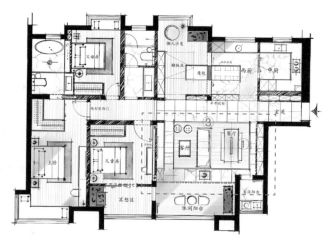

▲竖长形大客厅动线规划示意

 TIPS

注意客厅主要通道的宽度

客厅要设计为宽敞空间，为了让两个人能错身而过，需要预留 110~120cm 的空间。这样明晰的动线令家居环境更素整，也避免了购入过多家具产生的浪费。

（6）客厅合理收纳要点

①使用频率不高的物品，可以利用抽屉柜收纳，抽屉柜要与客厅整体风格相协调。

②在客厅里多准备一些收纳凳，不但能收纳客厅不常用的杂物，应急时还能当茶几使用。

③可以使用一组开放式置物架，这是一种储藏的简易方法，并且可以成为客厅的焦点。

④对墙面进行"挖洞"处理，在具备收纳功能的同时，也令居室具有现代感。

客厅常见收纳方式	
整面墙收纳	大多根据墙面尺寸定制，在制定装修方案时，就需要确定好位置和尺寸，进行轻体墙的施工。一定要将其固定在墙面上，以保证使用时的安全
沙发背后墙面收纳	可以考虑摆放开放式家具，兼顾收纳和展示功能；也可设计一些隔板
电视柜收纳	可以用最传统的抽屉和门板将物品藏于无形，也可采用现代式的搁架直接展示客厅的精彩
茶几收纳	选购带有收纳功能的茶几；但如果不希望因为收纳功能而让茶几显得笨重，可以选择轻薄的茶几，而后利用茶几下面的空间摆放带盖子的收纳盒
边几收纳	三角形或圆形边几适合放在客厅角落，收纳杂物的同时会让角落变得丰富多彩

▲整面墙收纳

▲电视柜收纳

▲沙发背后墙面收纳

2. 餐厅的设计要点

（1）餐厅空间格局的设计要点

位置的选择

餐厅是家居空间中家庭成员活动频率仅次于客厅的功能空间。作为公共区域的一个次要重点空间，其位置应临近客厅，与客厅之间可以通过直线到达，同时从便捷性考虑，还应靠近厨房，所以其最佳位置是厨房与客厅之间的空间

面积的选择

餐厅所需要容纳的人数通常为家中人口的数量，其面积的选择需先考虑便捷性，而后再选择能够容纳家庭人口的空间。大面积居室选择次于客厅面积的空间即可；若为小面积居室，甚至可以将厨房敞开，而后设计一处吧台兼做餐桌

功能区的确定

餐厅功能区的规划以先满足餐厅的主要功能为主。首先需要规划的是餐桌椅的位置，在用餐功能区确定后，根据餐厅面积布置储物区，最后再结合自身需求以及第一章中介绍到的餐厅多样性功能，依次布置其他功能区

▲餐厅空间格局的设计要点

（2）餐厅照明的设计要点

家居餐厅面积通常不会太大，需要灯具的种类和数量比客厅少很多。通常来说，餐厅的照明设计有仅使用主灯（适合中小面积餐厅）和主灯与局部照明结合（适合大面积餐厅）两种方式。

仅使用主灯照明设计要点：根据面积选择适合的款式

中面积餐厅

可选择尺寸略大一些、头数较多且上下均可透光的吊灯，让灯光的覆盖面积广泛一些，使餐厅更明亮

小面积餐厅

根据餐桌的尺寸选择 2~3 头的小尺寸吊灯，灯光可全部从下方投射出来

整体照明的设计
可选择吊线或吊杆长一些的多头吊灯作为主灯，如果顶部较低，也可以选择吸顶灯作为主灯

局部照明的设计
可在背景墙、装饰画、装饰品、酒柜内部等需要补充光源的部位，用射灯、筒灯或壁灯作为辅助光源

主灯与局部照明结合设计要点：控制好光源数量

（3）餐厅色彩的设计要点

因为多数户型中，餐厅都与客厅共处同一个空间内，所以餐厅的色彩一般跟随客厅做设计搭配，或者也可以在客厅的配色基础上做一些变化。

大众选择
餐厅的色彩完全跟随客厅色彩进行设计。例如客厅顶面为白色、地面为棕色、主题墙为暗红色、其余墙面为白色，餐厅色彩则完全跟随客厅的设计方式，但主题墙部分可在造型上做变化或完全不做造型，用装饰画凸显主题墙。家具可以选择同系列产品

个性选择
餐厅中仅某个或某两个界面的色彩跟随客厅进行设计，而主题墙、家具等部分的色彩则完全脱离客厅配色，从家居整体风格的角度选择其他适合的色彩

（4）餐厅界面的设计要点

局部吊顶或石膏角线装饰

适合户型：矮房间，中、小面积餐厅，与客厅或厨房合并的餐厅

适合风格：北欧、简约、现代、工业、日式等风格

复杂样式或多层级吊顶

适合户型：高房间、大面积餐厅、空间相对独立的餐厅

适合风格：欧式、美式、法式、地中海、东南亚、中式古典等风格

顶面设计要点：根据室内风格、面积及高度设计造型

设计造型背景墙

适合户型：中、大面积餐厅

适合人群：追求设计感和艺术感的人群

用色彩 + 装饰画设计主题墙

适合户型：中、小面积餐厅

适合人群：年轻及追求经济性的人群

仅装饰画设计主题墙

适合户型：中、小面积餐厅

适合人群：追求简洁感和经济性的人群

墙面设计要点：独立式餐厅可设计一处造型背景墙或者涂刷与其他墙面不同颜色的乳胶漆，而后搭配装饰画强化视觉焦点，也可仅用装饰画装饰墙面

拼花设计或材料拼接设计

适合户型：中、大面积餐厅

适合风格：欧式、美式、法式、地中海、东南亚等风格

单一材料铺设

适合户型：中、小面积餐厅

适合风格：所有类型的风格

地面设计要点：选用表面光洁、易清洁材料，如大理石、地砖等

（5）餐厅合理收纳要点

①餐厅就餐区的收纳应与餐柜配合。

②利用墙面设计成整面式的墙面柜进行收纳可以增强空间使用率。

③靠墙摆放的餐桌椅，可充分利用餐桌上方空间。

④家具也可巧妙设计成收纳空间的一部分。

餐厅常见收纳方式	
整面墙收纳	若不想收纳柜占据餐厅内的面积，可直接将隔墙设计成收纳柜的样式，可部分开敞部分封闭，制造出节奏感；如果面积较为宽敞，可靠墙直接设计收纳柜，需注意其牢固性
餐边柜收纳	根据需要选择款式。使用封闭式柜门的款式比较不容易落灰尘，餐边柜上方可摆放装饰品或花艺来装饰餐厅；如果预计选择的尺寸较大，则可使用玻璃柜门、百叶柜门或部分封闭柜门部分开敞设计的款式，不会显得厚重、憋闷
墙面搁架或开敞储物格收纳	不喜欢柜体或者餐桌靠墙摆放的情况下，可以使用搁架或者嵌入墙内的开敞式储物格来收纳餐厅内的物品，同时这种收纳形式还具有展示作用，可美化餐厅环境，摆放时需要注意美感
家具收纳	将部分餐椅设计成卡座的形式，卡座下方的空间即可用来收纳物品

▲整面墙收纳

▲开敞储物格收纳

▲家具（卡座）收纳

3. 卧室的设计要点

（1）卧室空间格局的设计要点

01

位置的选择

卧室属于家居空间中私密性最强的功能区，同时，其主要功能是供人夜间休息，所以临近环境应该是相对安静的。从以上两个方面来看，其位置应该相对来说远离家庭中的公共区域，即客厅与餐厅，靠近或位于整个户型距离大门最远的最里侧

02

面积的选择

卧室面积的选择可以根据居住人数、居住者的年龄以及居住者对卧室的要求决定。以三口之家为例，夫妻住主卧室，应选择面积较大的空间；而孩子仅有一个人，相对来说可以选择面积小一些的空间，根据其年龄和需求，临近或远离主卧均可

03

功能区的确定

卧室内的主要功能为睡眠，所以应先确定床的位置，其通常是在卧室的中央，若需要摆放书桌，则也可靠一侧墙壁摆放；床的位置确定后再来布置床头柜、衣柜等收纳区，最后根据自身需求和剩余空间面积，增加其他多样性功能

▲卧室空间格局的设计要点

（2）卧室照明的设计要点

卧室内需要比较缓和、舒适的光线，所以照明方式以间接照明或漫射照明为宜，同时要尽量避免使用耀眼的灯光和造型复杂奇特的灯具。卧室通常会采用一盏主灯，而后根据面积再安排如台灯、壁灯、筒灯等局部光源。

主灯的设计要点：根据房间高度及面积选择款式

大、中面积卧室

如果房间高度较高，可选择灯泡数量较多的吊灯作为主灯；如果房间高度较低矮，可选择吸顶灯作为主灯

小面积卧室

根据房间的高度来选择使用吊灯还是吸顶灯，但吊灯建议选择灯泡数量较少的款式，吸顶灯尺寸也可小一些

● 间接照明

指灯具或光源不是直接把光线投向被照射物，而是通过墙壁、镜面或地板反射后的照明效果。

● 漫射照明

指利用灯具的折射功能来控制眩光，将光线向四周扩散的照明方式。

局部光源的设计要点：根据具体需求选择灯具类型

大、中面积卧室

床头两侧摆放台灯或安装长吊线的单头吊灯；床头背景墙可安装几盏射灯或筒灯，顶面或床头背景墙可安装暗藏灯带，阅读区可摆放落地灯

小面积卧室

床头两侧或单侧摆放台灯，或安装长吊线的单头吊灯；其余部分根据需要安排其他灯具

（3）卧室色彩的设计要点

卧室是休憩空间，成人卧室需要能够营造出舒缓、平和的氛围，以缓解疲劳的神经，营造良好的睡眠环境，所以色彩设计不宜过于活泼、刺激。而儿童房则可以适当活泼一些。

成人选择

卧室属于成人的私人空间，色彩设计可从个人喜好方面进行考虑，但是不建议大面积使用过于鲜艳的红色、橙色以及过于深暗的蓝色，以免刺激神经或显得阴冷。通常来说，顶面建议选择白色，地面可选择棕色系，柔和的米黄色、米色、淡黄色、粉色、绿色等均可用来装饰墙面

儿童选择

3~9岁左右的儿童，其卧室的色彩搭配可以活泼一些，以凸显其年龄特点，并使其更开朗、活泼。若觉得年龄过渡更改装修麻烦，可以将活泼色彩用在家具及装饰上，顶面及地面素雅一些，墙面部分可使用一些色彩不刺激的卡通图案墙纸

（4）卧室界面的设计要点

局部吊顶或石膏角线装饰

适合户型：矮房间，中、小面积卧室

适合风格：北欧、简约、现代、工业、日式等风格

复杂样式或多层级吊顶

适合户型：高房间、大面积卧室

适合风格：欧式、美式、法式、地中海、东南亚、中式古典等风格

顶面设计要点：舒适最重要，无需过于复杂、华丽

复杂设计的床头背景墙

适合户型：中、大面积卧室

适合人群：预算足且追求设计感的人群

用不同色彩或墙纸设计主题墙

适合户型：中、小面积卧室

适合人群：追求简洁感和经济性的人群

仅用装饰画设计主题墙

适合户型：中、小面积卧室

适合人群：追求简洁感和经济性的人群

墙面设计要点：除别墅或华丽的风格外，卧室墙面装饰不宜过于华丽，用墙纸、墙布或乳胶漆装饰即可，颜色花纹可根据居住者的年龄、个人喜好来选择

大理石铺设周边拼花

适合户型：大面积卧室

适合风格：欧式、美式、法式等华丽的风格

地板或地砖组合地毯铺设

适合户型：中、小面积卧室

适合风格：所有类型的风格

地面设计要点：宜用木地板、地毯或者陶瓷地砖等材料，木地板或陶瓷地砖上可加铺块毯增加舒适感

（5）卧室动线规划要点

卧室与客餐厅等公共区域不同，使用者比较单一，所以动线设计除了考虑无阻碍外，还需考虑使用者的生活习惯问题。总的来说，卧室的动线规划包括以下三种类型。

正方形小卧室

方案一

①选择单人床靠一侧摆放更加方便布置其他家具，两边需要预留 50cm 左右的空间，用于走动。

②选择双人床摆放在卧室中间更方便，需要预留三边的走动空间，预留过道不要阻塞。

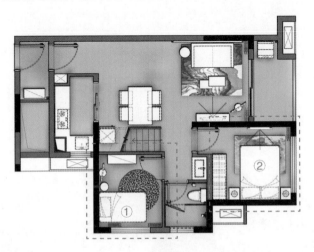

▲ 正方形小卧室（方案一）动线规划示意

方案二

①如果需要增添视听设备，也要注意预留出足够的走动空间。

②视听设备既可结合衣柜，也可在旁边摆放书桌等家具。

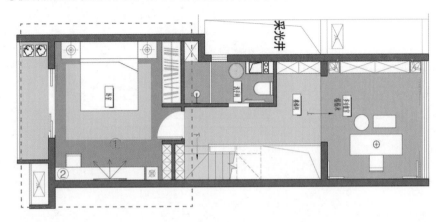

▲ 正方形小卧室（方案二）动线规划示意

横长形小卧室

①双人床为了便于两人使用，多靠中间摆放，三边预留出至少50cm的通行距离。

②床底最好带有收纳功能，可用来存放棉被等物品；如果设计有飘窗，还可用飘窗下方储物。

③多利用门后与墙壁的空间或者门一侧墙壁前的空间摆放衣柜。

▲横长形小卧室动线规划示意

横长形大卧室

①卧室空间足够，可将衣帽间规划在卧室角落或卧室与卫浴的畸零空间。

②门在角落的房间，双人床居中摆放，更有利于布置其他家具，床的两侧需预留出至少50cm的交通空间。

③大空间可以规划阅读区域，书架可靠一侧墙设计，书架前摆放阅读椅；还可单独间隔出两个区域，书桌与床之间用书架隔开。

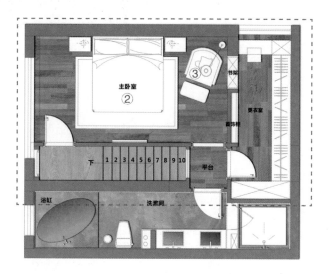

▲横长形大卧室动线规划示意

● 畸零空间

源于户型问题会出现奇怪或带有棱角的空间，这种空间很难使用，也是许多设计师经常遇到、必须解决的空间问题。

（6）卧室合理收纳要点

①卧室可利用睡床周围的空间进行有效收纳。

②为节省空间及整体美观考虑，卧室内的衣柜可做成壁橱。

卧室常见收纳方式	
壁橱或衣柜收纳	通常会选择床侧面靠近门一侧的墙面设计成壁橱。壁橱可以节省卧室内的占用面积，柜门可与墙面平齐；无法设计壁橱时，也可直接使用大衣柜做收纳，需注意尺寸和高度的选择
床头柜收纳	可以选择收纳功能较为强大的床头柜，具体使用抽屉款、柜门款还是两者组合的款式，可根据收纳物品的特征进行选择。如果是开敞式的床头柜，可以用收纳盒收纳物品，放在开敞的位置
斗柜收纳	面积大的卧室，可以在适合的位置摆放一个或一组斗柜，收纳一些适合放在抽屉中的物品；斗柜上方还可以摆放一些工艺品、花艺、装饰画等装饰品
步入式更衣间收纳	如果卧室内有充足的空间，可以将部分面积设计成步入式更衣间，将大小物品均收纳进去，方便取用、分类，且卧室内会显得更加整洁，但如果更衣间面积过小，则不必追求步入式，因其实际上使用起来不如衣柜方便
床收纳	床下有非常大的空间，可以充分利用起来，可以选择本身带收纳设计的床或选择底部悬空的框架床，用整理箱进行收纳

▲壁橱收纳

▲床头柜收纳

▲斗柜收纳

4. 书房的设计要点

（1）书房空间格局的设计要点

位置的选择

书房通常有两种格局，一种是开敞式的书房，可选择客厅的角落、餐厅与厨房的转角、阳台上或卧室靠落地窗的墙面放置书架与书桌；另一种是独立式的书房，可以选择公共区和卧室之间的空间，如果对安静程度有较高要求，也可安排在最里侧

面积的选择

开敞式的书房无需过多面积，最小仅需容纳书桌和椅子即可，书柜或书架可安装在书桌上方的墙面上；独立式的书房，其面积可根据使用者的需求来选择。通常来说，除别墅、大平层等大户型外，书房的面积可以小于主卧室且位置适合的空间

功能区的确定

书房的主要功能有收纳和读写两种，在面积不允许的情况下，以先满足读写为主，也就是说需要先确定桌椅的位置，而后再确定书柜或书架的位置。此两方面的主要功能均被满足后，剩余空间可以结合使用者的需求，来添加其他功能

▲ 书房空间格局的设计要点

（2）书房照明的设计要点

书房的照明设计主要可分为两个部分，一是主照明及工作照明的设计，二是辅助性照明的设计。工作照明采用直接照明或半直接照明，光线最好从左肩上端照射。

主照明及工作照明设计要点：同时满足整体及工作照明

主照明的设计

其主要作用是整体性的照明，所以根据面积、房高选择适合的款式即可，如高房间选择长杆吊灯、低房间选择短杆吊灯或吸顶灯等

工作照明的设计

在书桌前方放置高度较高又不刺眼的台灯，宜用旋臂台灯或能调光的台灯

● 直接照明

利用灯罩将全部或90%以上的光线投射到工作面或照明区内，可突出其在环境中的主导地位。

● 半直接照明

半透明材料制成的灯罩罩住光源上部，使60%~90%以上的光线集中射向工作面，10%~40%的光线经半透明灯罩扩散并向上漫射，其光线比较柔和。

辅助性照明设计要点：根据需要安排位置

补光照明的设计

如果书房的面积较大，一盏主灯不能够满足整体照明，即可使用一些灯具进行补光，如筒灯、灯带等

装饰照明的设计

主要起到装饰作用或突出装饰物的照明，可安装在书柜内部、装饰画上方、艺术品上方等，如筒灯、射灯

（3）书房色彩的设计要点

开敞式书房的色彩设计跟随空间主体即可。独立式书房的色彩应柔和而不杂乱，塑造可以让人静心的学习或工作环境，因此不适合大面积使用艳丽的色彩。同时，色彩的搭配宜有主次之分，或冷色为主或暖色为主，不要平均对待。

大众选择

常规书房比较适合素雅的配色，顶面最适合使用白色，除超高房间外，顶面不建议使用深色；墙面选择白色、米黄色或淡黄色等柔和色彩；地面选择深于墙面的色彩，视觉上最舒适；家具的色彩深于地面会更具稳重感，但也可根据风格选择其他颜色。冷暖色选择一种为主，另一种少量使用即可

个性选择

若追求个性，在常规书房配色的基础上，可多加入一些棕色系、黑灰色或金属色，但不建议选择亮面材质，反光会刺激眼睛引发疲劳，带有拉丝或做旧处理更加柔和，如旧金色、古铜金、玫瑰金等，而后用一些比较浓郁的彩色做点缀

（4）书房界面的设计要点

平顶、局部顶或石膏线装饰

适合户型：矮房间，中、小面积书房

适合风格：北欧、简约、现代、工业、日式等风格

复杂样式或多层级吊顶

适合户型：高房间、大面积书房

适合风格：欧式、美式、法式、地中海、东南亚、中式古典等风格

顶面设计要点：不宜过于复杂，造型设计需适宜

独立造型背景墙

适合户型：大面积书房

适合人群：预算足且喜欢造型感的人群

与书柜组合设计的背景墙

适合户型：中、小面积书房

适合人群：追求个性和经济性的人群

用美观的书柜兼做背景墙

适合户型：中、小面积书房

适合人群：追求简洁感和经济性的人群

墙面设计要点：适合选择亚光乳胶漆、涂料、墙纸、墙布等，以避免眩光或增加静音效果

大理石拼花铺设

适合户型：大面积书房

适合风格：欧式、美式、法式等华丽的风格

单一材质或组合块毯铺设

适合户型：中、小面积书房

适合风格：所有类型的风格

地面设计要点：最好铺设地毯，以降低噪声的产生，若觉得不好打理也可以铺设地板，上面叠加块毯

（5）书房合理收纳要点

①书房要考虑收纳的物品如何用更方便、如何充分地利用书房空间。

②书房中书橱和书架上的书，总量不宜超过书架空间的 80%，剩下的空间可用植物或者装饰品填满，减轻重量的同时，还可增加美观性。

书房常见收纳方式	
书柜收纳	书柜有开敞式、封闭式和开敞封闭组合式三种类型。如果书柜的面积较大，建议选择第三种或者封闭式但有部分玻璃门的款式，不容易使人感到压抑、笨重，尤其是深色款式
书架收纳	成品书架的收纳量与书柜类似，但其完全为开敞空间，取用更方便，展示性和装饰性更强，但需要经常打扫。如果是小面积的书房，可在墙面设置搁架收纳书籍，既节省空间，又减少花费
书桌收纳	一些零碎的笔、笔记本及近期常使用的书籍、资料等，可以放在书桌中做收纳。若有此类需求，需选择收纳功能设计合理且较为强大的书桌
斗柜收纳	若书房的面积足够宽敞，在主要功能区外的空闲区域中，可以摆放斗柜，在柜子内部收纳一些物品，柜台上则可以摆放装饰品
榻榻米或地台收纳	设计有榻榻米或地台类休闲区的书房，还可以将它们的内部空间利用起来，收纳一些旧书或者其他杂物。若收纳旧书需做好防潮措施

▲书柜收纳

▲榻榻米收纳

5. 厨房的设计要点

（1）厨房空间格局的设计要点

常见厨房格局

家居厨房通常有以下几种形式的格局。

● 一字形厨房：可将与厨房相邻空间的部分墙面打掉，改为吧台形式的矮柜，形成半开放式空间，增加使用面积

● L形厨房：将各项配备依据烹饪顺序置于L形的两条轴线上

● U形厨房：洗菜盆最好放在U形底部，并将配料区和烹饪区分设两旁，使洗菜盆、冰箱和灶台连成一个正三角形

● 走廊型厨房：将工作区安排在两边的墙面上，通常将清洁区和配菜区安排在一起，而烹饪区安排在另一边

功能区的确定

厨房内的主要功能区通常依靠整体橱柜来实现，只要规划好台面上各个功能区的位置即可，若面积过小，冰箱可以外移；另外，大面积的厨房还可以增加岛台，它可以让厨房功能和美感均能够双倍增强。另外，如果厨房需要用餐、饮酒或浣洗，则需要在定制橱柜前就规划好位置，如使用餐桌还是吧台，洗衣机的摆放位置等

▲厨房空间格局的设计要点

（2）厨房照明的设计要点

厨房总的来说有开敞式和封闭式两种类型。开敞式厨房具有一些特殊性，所以两者的照明设计略有一些区别。相同点是，工作面上都宜有相应的灯具进行照射，以便于在切菜、炒菜等操作时，避免阴影的产生，让人看得更加清楚。

开敞式厨房照明设计要点：避免使用吸顶灯，因为其不聚光，只有散光

中、大面积厨房

顶面采用局部吊顶或跌级式吊顶，顶棚正中间使用吊灯，四周环绕射灯或筒灯，吊柜下方安装灯管或筒灯照射台面

小面积厨房

顶面采用局部吊顶，安装嵌入式筒灯或射灯，数目4~10个不等。台面上方同样设计局部性光源照射台面，以便于操作

封闭式厨房照明设计要点：根据面积选择灯具类型

整体照明的设计

可选择吊线或吊杆长一些的多头吊灯主灯或者多盏筒灯／射灯作为主灯，如果顶部较低，也可以选择吸顶灯作为主灯

局部照明的设计

可在背景墙、装饰画、装饰品、酒柜内部等需要补充光源的部位，用射灯、筒灯或壁灯作为辅助光源

（3）厨房色彩的设计要点

厨房的色彩设计可以结合厨房的类型来做选择，如果是开敞式厨房，需要考虑整体的美观性，所以根据客厅、餐厅等主要空间的配色进行考虑；如果是封闭式的厨房，则可以结合环境特点、使用者的喜好和年龄进行考虑。

开放式厨房

顶、墙、地这三个界面中，可以有两个界面或三个界面均跟随餐厅进行配色设计，而后若想要做一些变化，可以改变整体橱柜柜门的色彩、选择一台色彩个性的冰箱，或者也可以用装饰画、花瓶等装饰品做个性化的色彩点缀

封闭式厨房

因为厨房处于一个独立的空间中，所以既可以跟随整体配色进行设计，也可以做一些个性的选择。例如如果使用者较为年轻且喜欢鲜艳的色彩，则可以在部分墙砖或橱柜上使用此类色彩；如果使用者是中老年人，更适合使用温和一些的色彩。但需要注意的是，厨房不建议大面积使用深暗的蓝色及黑色，以免让人产生低沉的情绪

（4）厨房界面的设计要点

铝扣板吊顶

适合户型：封闭式的厨房及开敞式的厨房

适合风格：所有类型的风格

防水石膏板吊顶

适合户型：开敞式的厨房

适合风格：所有类型的风格

顶面设计要点：材质要防火、抗热，并须配合通风设备及隔音措施；若用石膏板，需选防潮、防水的类型

单色瓷砖铺贴

适合户型：中、小面积厨房

适合人群：追求简洁感和经济性的人群

单色＋花砖铺贴

适合户型：所有类型的厨房

适合人群：追求个性和经济性的人群

多色瓷砖拼花铺贴

适合户型：所有类型的厨房

适合人群：追求艺术感的人群

墙面设计要点：以不易受污、耐水、耐火、抗热的材料为佳，最佳选择为陶瓷砖，但部分西厨中油烟较少，也可使用功能适合的墙纸或乳胶漆

拼花铺设

适合户型：所有类型的厨房

适合风格：欧式、美式、法式、地中海、东南亚、中式古典等风格

单一材质铺设

适合户型：所有类型的厨房

适合风格：所有类型的风格

地面设计要点：宜用防滑、易于清洗的陶瓷地砖；也可用具有防水性且价格便宜的人造石材

（5）厨房动线规划要点

厨房中的动线规划是非常重要的，舒适的动线可以节省很多体力，让烹饪的过程更轻松。根据厨房布局的不同，可将其分为以下四种类型。

一字形厨房

①动线一字形排开，即（冰箱→）洗涤区→处理区→烹饪区，最佳空间长度为2m。

②处理区一般介于水槽区和灶具区之间，宽度至少为40cm，若能预留80~100cm更佳。

③灶具位置应靠近窗户或阳台，以利于通风，燃气灶具最好不要紧靠在墙面旁边。

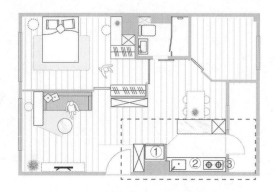

▲一字形厨房动线规划示意

L形厨房

①洗涤区与灶具区应安排在不同轴线上，会产生高温、油烟的烤箱和灶具应置于同一区，冰箱和水槽则置于另一轴线上。

②摆设厨具的每一墙面都至少要预留1.5m的长度。

③灶具、烤箱或微波炉等设备摆放在同一轴线上，距离为60~90cm，形成完美工作金三角，最长可在2.8m左右，才不会降低工作效率。

● **工作金三角**

即"三角动线"，指厨房在设计之时，按照业主的烹饪习惯安排清洗区、烹饪区、储物区之间的位置。

▲L形厨房动线规划示意

走廊形厨房

①料理区与收纳区分开。

②工作平台也是备餐区。

③保持走道顺畅，两边间隔最好能保持在 90~120cm 的距离。

▲走廊形厨房动线规划示意

中岛形厨房

①厨房加装便餐台，可以同时容纳多人一起使用。

②厨具与其他台面的距离保留在 105cm 左右。

③洗涤区靠近冰箱，以减少往返走动的时间，如不便安排，也可将冰箱放在合适位置。

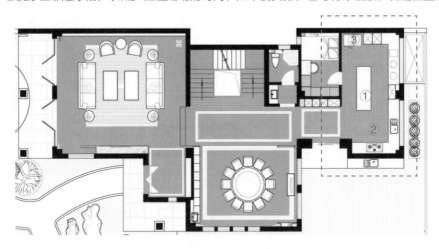

▲中岛形厨房动线规划示意

 TIPS

符合人体工学的厨具位置很重要

厨房水槽在黄金三角动线内往返交错应控制在 2m 范围内；工作台高度距地面为 85cm，吊柜上缘的高度一般不超过 230cm。

（6）厨房合理收纳要点

①厨房收纳可充分利用整体橱柜，并区别吊柜、立柜和地柜的收纳区别。

②厨房收纳可以充分利用墙面空间，如在墙面定做搁架或搁板等。

③充分利用垂直的收纳空间，从地板到吊顶的空间都可以利用。

厨房常见收纳方式	
整体橱柜收纳	现在的整体橱柜可选择的收纳方式很多，有不同类型的拉篮、不同规格的抽屉收纳格、可拉动的吊柜收纳架等，具体可根据需要进行选择。水槽下方的空间也可以利用起来，购买专门的水槽下收纳架，即可以规整地收纳洗洁精等物品
墙面收纳	吊柜和地柜中间的空间可以充分利用起来，安装搁架、吊钩等收纳物品；如果厨房面积较为宽敞且抽烟装置吸烟性好，则可以设计一整面墙的搁架，收纳常用物品，取用更方便
窗户收纳	利用窗台上的空间做收纳，如购买适合放置在窗台上的收纳架，把瓶瓶罐罐摆在上面，但这种方式更适合推拉窗，平开窗则不太适合，会妨碍窗户的开关
转角空间收纳	利用拐角设置转角柜，既增加厨房收纳量，又解决了空间浪费问题
置物架收纳	小面积厨房可以使用落地式的置物架收纳锅具、微波炉、小烤箱等物品，还可以使用移动式的置物架或推车收纳调料或耐久性较好的蔬菜，如马铃薯、红薯等

▲整体橱柜收纳

▲置物架收纳

6. 卫浴的设计要点

（1）卫浴空间格局的设计要点

位置的选择

通常来说，家居空间中的卫浴位置是固定的，所以无需进行选择；若厨房和卫浴没有明显区分，临近餐厅的空间即为厨房，剩余为卫浴

功能区的确定

卫浴内的功能区主要可分为沐浴区和洗漱区两部分，如果条件允许，最好做干湿分离，最简单的方式是采用玻璃隔断分隔。若面积足够，可以安装淋浴房或完全用隔墙分隔。面积足够宽敞的情况下，若需要增加桑拿功能，建议放在湿区内；而梳妆区域则建议设计在干区内；若主卧中同时有卫浴和更衣间，条件允许时两者可连在一起设计，更衣间可安排在卫浴外侧或入口处

▲卫浴空间格局的设计要点

（2）卫浴照明的设计要点

卫浴内最为普通的设计方式是安装一盏主灯进行整体性照明，如还有需要，可在重点区域进行局部性照明。如果卫浴面积较大想要效果华丽一些，则可增加一些装饰性光源，但灯具的数量不建议过多，以免引起眩光。

照明设计要点：应以具有可靠防水性与安全性的玻璃或塑料密封灯具为主；灯具和开关最好带有安全防护功能

主光源选择

采用集成式吊顶的卫浴间顶部多带有顶灯，即可起到整体性照明的作用；如果是防水石膏板吊顶，可使用吸顶灯、吊灯或多盏筒灯作为整体性照明

局部照明选择

面积略大一些的卫浴间，可在墙面镜上方安装一盏镜灯，或者也可以在两侧安装壁灯；如果有需要，沐浴区上方还可安装筒灯或射灯

装饰性照明选择

面积大且豪华的卫浴间，可在重点装饰区域安装几盏筒灯或射灯，照射背景墙等装饰性设计

（3）卫浴色彩的设计要点

卫浴的主要作用是清洁，所以其内部的色彩设计宜避免产生"脏"的感觉，选择具有清洁、明快或温馨感的色彩最为适合，缺乏透明度与纯净感的色彩要敬而远之。另外，主次色彩要分明，不然容易显得杂乱。

大众选择

对于多数人群来说，卫浴内的色彩应尽量以浅色为主色，深色或鲜艳的色彩可小面积或局部使用，透彻而又素雅一些的色彩用来装饰卫浴是非常适合的。有几种常见的选择：一是黑白灰，将这三种颜色稍加组合，即可装饰出时尚、明快而又不乏洁净的氛围；二是浅暖色与白色组合，如米黄、浅黄等，浅暖色可用在墙面或地面上；三是弱对比的冷暖色组合，如蓝白结合的墙面，搭配棕色浴室柜等

个性选择

对于追求个性的人群来说，卫浴间内可适量使用一些鲜艳的或比较浓郁的色彩塑造个性感。这些色彩的选择完全可以根据个人的喜好进行，如用白色顶搭配粉色瓷砖及同色浴缸和洁面盆，就可塑造出浪漫感；如果换成黄色，则会有沐浴阳光的感觉，特别是主卫或者独居人群，可以无需考虑他人喜好，完全遵循自我选择

（4）卫浴界面的设计要点

铝扣板吊顶

适合户型：非常潮湿的卫浴

适合风格：所有类型的风格

防水石膏板吊顶

适合户型：湿度适中的卫浴或干区

适合风格：所有类型的风格

桑拿板或碳化木吊顶

适合户型：湿度适中的卫浴

适合风格：北欧、田园、地中海、美式乡村、法式田园、东南亚等风格

顶面设计要点：材质要防潮、防水，如使用石膏板需选择防水石膏板，搭配防水、防潮的面漆

瓷砖 + 腰线组合

适合户型：中、小面积卫浴

适合人群：年轻及追求经济性的人群

拼花式背景墙

适合户型：中、大面积卫浴

适合人群：预算足且追求设计感的人群

墙面设计要点：选择耐潮湿且易打理的材料，如艺术瓷砖、墙砖、天然石材或人造石材等

单一地砖或石材铺设

适合户型：所有类型的卫浴

适合风格：所有类型的风格

碳化木组合瓷砖或石材铺设

适合户型：中、大面积的卫浴

适合风格：简约、北欧、田园、地中海、美式乡村、法式田园、东南亚等风格

地面设计要点：材料要防滑、易清洁、防水，一般地砖或天然石材使用较多，部分区域也可使用碳化木

（5）卫浴动线规划要点

卫浴中的动线规划相对来说比较简单，它并不像厨房一般所有功能区有一套固定的使用流程，所以最重要的一点是行动路线的无阻碍。根据卫浴格局的不同，可将其分为以下四种类型。

横长型卫浴

①坐便器规划在门后、贴墙壁角落，坐便器旁边的空间最少保持70cm；坐便器还可放置在洁面盆与浴缸/淋浴区之间，两侧根据需要预留适量距离即可。

②主线以洗漱区为主，动线考虑以圆形为主，将主要动线留在洗漱区前。

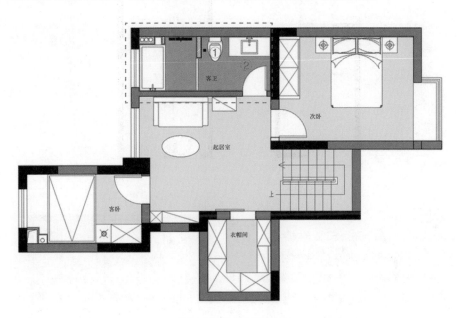

▲横长型卫浴动线规划示意

小面积竖长型卫浴

①根据门所在的位置规划内部动线。若为推拉门则可根据使用习惯进行规划；若为平开门，则门附近更适合安排洁面盆，而后是坐便器，最后是洗澡的区域，三者成直线。

②做好室内整体的尺寸规划，浴缸长150~180cm，宽80cm，高度50~60cm。洗手台宽度至少100cm。

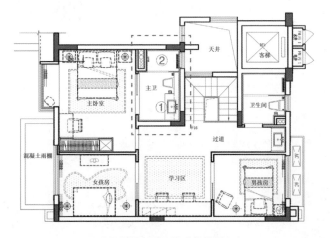

▲小面积竖长型卫浴动线规划示意

大面积竖长型卫浴

①在有需求的情况下，除坐便器、洗手台、浴缸外，再规划一个独立沐浴区，令空间干湿分离；或者规划一个更衣间，放在入口处，与浴室做干湿分离。

②适合四件式浴室规划，坐便器与洗手台为同一列 / 行，浴缸及沐浴区为另一列 / 行，节省空间，动线更流畅。

● 四件式浴室

即为包括坐便器、洗手台、独立淋浴间及浴缸区的浴室。

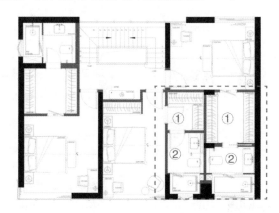

▲大面积竖长型卫浴动线规划示意

方形卫浴

①三个区域成三角形布置，淋浴区或浴缸可以安排在两面都靠墙的角落中。

②根据使用习惯安排洁面盆和坐便器的位置。洁面盆可以靠近门口或者坐便器靠近门口，过道集中规划到一起，并预留充足的距离。

▲方形卫浴动线规划示意

家装知识扩展

一般家中的卫浴空间不大，如果动线没有安排好，就很容易发生卫浴设备挡到动线的问题，而且加上卫浴空间又容易潮湿，不仅会发霉还有安全上的隐忧，因此卫浴空间在规划时，不但要考虑到动线，还要顾虑空气流通的问题。

首先，置物架应该放在伸手可及之处，才不会因需要出浴缸而弄湿地面。湿区的柜体以开放式为主，并选用防水材质避免发霉。

其次，因为出浴缸时常会将水带到外面，造成地面湿滑、积水，容易发生滑倒等意外事故，在浴缸外设置排水沟与泄水坡度能够马上处理溢出的水流，让卫浴能时时保持干爽。

（6）卫浴合理收纳要点

①利用一切容易忽略的空间进行收纳，如洁面盆的下方、淋浴区的墙面、窗台上面的空间、坐便器一侧的空隙处等。

②根据生活习惯选择适合自己的浴室柜，才能完全满足收纳需求。

卫浴常见收纳方式	
浴室柜收纳	根据生活习惯选择浴室柜的款式，如浴室柜常用来收纳一些不怕潮湿的洗衣液、清洗剂等类型的物品，可以选择封闭式的浴室柜；如果想要收纳一些比较怕潮湿的物品，则更建议选择开敞式的浴室柜，或者台面是抽屉，最下方是开敞设计的款式
镜箱收纳	面积较小的卫浴，可以考虑用镜箱代替墙面镜，既可以满足照镜子的需求，内部又可以摆放常用的护肤品、牙刷牙缸等物品
置物架、收纳柜收纳	置物架以及收纳柜有很多款式可以选择，除了正常的尺寸和款式外，还有一些可移动的带防尘的夹缝式收纳柜，很适合放在坐便器和洁面盆之间的夹缝里，或坐便器与墙之间的夹缝等处
墙面收纳	将墙面空间充分利用起来，可使用固定在墙面上的搁架、挂钩、毛巾杆、毛巾架、牙刷架、剃须刀架等，让常用物品全部上墙；还可在沐浴区的墙面上"挖洞"，将洗浴用品放置进去
浴缸台面收纳	如果浴室内计划安装内置式浴缸，通常会砌筑出部分台面，可以利用起来做收纳，除了平放外，还可以用小型置物架，将物品摞起来摆放

▲浴室柜、置物架及浴缸台面收纳

7. 玄关的设计要点

（1）玄关空间格局的设计要点

常见玄关格局

家居玄关通常有以下几种形式的格局。

● 独立式玄关：此类玄关通常面积较大，可设计一整面墙体设置鞋柜和装饰柜

● 邻接式玄关：与客厅相连，没有较明显的独立区域。可使其形式独特，但要考虑到风格形式的统一

● 包含式玄关：包含于客厅之中，只需稍加修饰即可

● 格栅式玄关：以带有不同花格图案的镂空木格栅屏做隔断，古朴雅致

功能区的确定

玄关面积通常比较小，更适合用家具来进行功能区的划分，最常见的就是在合适的位置摆放鞋柜或设计整体式更衣柜，用来收纳衣物及鞋子等物品；有多余空间时，还可在墙上继续增加穿衣镜，便于整理仪容；如果面积足够宽敞，可增加装饰性家具，如玄关柜等，用来摆放装饰品，提升整体装饰效果

▲玄关空间格局的设计要点

（2）玄关照明的设计要点

　　玄关是家居空间的入口，对于家人来说，进入玄关就回到了家，对于客人来说，进入玄关就可以通过其设计对这个家庭有一个初步的了解，所以除非玄关面积特别小，否则应避免只依靠一个光源提供照明，要具有层次，以塑造温馨、舒适的氛围，同时更建议使用温暖的黄色光源。

玄关照明设计要点：用能够营造气氛的灯光来装点空间

主光源的选择

大面积玄关可选择小型吊灯作为主灯；小面积玄关如不设吊顶，可使用小型吊灯，若有吊顶更建议用适量的筒灯作为主光源

局部照明选择

大面积的玄关，可在背景墙、装饰品、装饰画、衣柜等位置安装局部性照明，增添光线的层次感、突出重点装饰，同时也可以避免光照死角的产生

（3）玄关色彩的设计要点

　　总的来说，玄关的色彩宜在与室内整体配色相呼应的基础上，以清爽的略偏暖的色调为主。多数玄关不具备自然采光，所以颜色不宜太深，以免使人感觉压抑，理想色彩搭配为顶面最浅、地面最深、墙面介于两者之间做过渡。具体来说，根据玄关格局的不同，会有一些差异。

独立式玄关

因为较为独立，所以独立式玄关的色彩搭配相对自由一些。可在延续整体风格和公共区域配色方式的基础上，增加一些具有点睛作用的小面积亮色。用家具、装饰画、装饰品等软装来呈现，更能够凸显出艺术感和设计感

非独立式玄关

此类玄关多与客厅相连或包含在其中，所以色彩设计需与客厅做整体性考虑，不宜过于个性、突出，避免让居室整体配色有凌乱之感

（4）玄关界面的设计要点

局部吊顶或平顶

适合户型：矮房间，中、小面积玄关

适合风格：北欧、简约、现代、工业、日式等风格

复杂样式或多层级吊顶

适合户型：高房间，大面积玄关

适合风格：欧式、美式、法式、地中海、东南亚、中式古典等风格

顶面设计要点：玄关多与客厅或主过道相连，顶面设计需和客厅或客厅与餐厅两者的吊顶结合起来考虑

背景墙或背景墙 + 玄关柜

适合户型：大面积独立式玄关

适合人群：追求设计感和艺术感的人群

平面墙 + 装饰画背景墙

适合户型：中、小面积玄关，独立式及
非独立式玄关

适合人群：年轻及追求经济性的人群

收纳柜兼做背景墙

适合户型：中、小面积独立式玄关

适合人群：年轻及追求经济性的人群

墙面设计要点：可参考室内设计方式选择墙面用材和
造型，小面积玄关可精心设计收纳柜的外观，用其兼
做背景墙

大理石或地砖拼花铺设

适合户型：所有类型玄关

适合风格：欧式、美式、法式、新中
式、北欧、地中海、东南亚等风格

单一材质铺设

适合户型：所有类型玄关

适合风格：所有风格均适用

地面设计要点：材料应具备耐磨、易清洗的特点，一
般常用铺设材料有木地板、石材或地砖等

（5）玄关合理收纳要点

①物品收纳需避免给人杂乱的感觉，组合式的衣帽柜是玄关收纳最佳的选择。

②玄关收纳可以充分做内嵌壁柜，收纳家具要小巧。

玄关常见收纳方式	
收纳柜收纳	收纳柜有较多的设计方式，小玄关可将收纳柜设计成入墙式推拉门的样式，内部再做详细的收纳分类；面积充足一些的可以将收纳柜靠墙放置，可以设计成整面墙的样式，但厚度要薄一些；可以设计成吊柜与地柜组合的形式，中间放置装饰品，还可加灯光；或者设计成组合式衣柜，部分开敞，设置为挂衣板和换鞋凳，部分用柜门封闭，实用又美观
鞋柜 + 挂衣板收纳	这种方式更适合小玄关或没有独立空间的玄关，通常下方摆放鞋柜，上方安装挂衣钩，鞋柜可以靠墙摆放，也可以垂直于墙面摆放，上方设计为隔断，隔断上安装挂衣钩

第三章

施工方的选择及
合同的签订

施工方对于家居装修来说是至关重要的。不同的施工方具有不同的特点，需要注意的事项也不同。与施工方的沟通是否顺畅，直接关系到业主的装修过程是否愉快、能否以最高性价比获得预期的装修效果，以及能否保证装修质量等。因此，了解与施工方有关的相关信息是必要的，这些信息包括了不同施工方的特点、不同承包方式的优劣、预算分配和预算造价应包含的内容，以及签订装修合同的注意事项等。

一、了解不同施工方的特点

1. 可选施工方的种类

家庭装修的施工方，通常有以下两种类型。

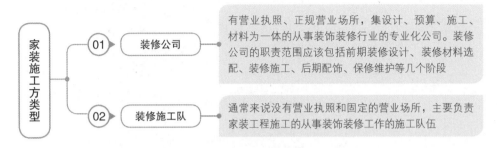

▲家装施工方主要类型

2. 不同施工方的特点

（1）人员配备

装修公司

①设计师：设计师对房屋进行现场测量、设计，进行合理布局，达到客户的认可。通常包括不同级别，如设计师总监、首席设计师、主任设计师、副主任设计师、设计师及设计师助理等，不同等级的设计师，级别越高设计水平通常也越高，所以收取的设计费也不同。

②材料采购：可由公司负责人负责采购。

③施工队伍：通常包括工长、木工、水电工、砖工、油漆工等人员，主要负责设计方案的施工（施工队伍不一定为公司固定员工，前提是必须保证工程质量）。

④业务员：包括业务员、电话营销等，主要负责招揽客户。

装修施工队

装修施工队的主要人员配备为施工队伍。不同工种有可能不会固定隶属于同一个施工队，而是由临时拼凑的或经常搭档的不同工种队伍组成的。

（2）主要区别

①装修公司会在装修前给出装修报价单，施工队通常没有正规的装修报价单。

②装修公司施工前会由设计师出具详细的设计图纸，而施工队通常没有专业设计人员。

③装修公司有专门的监理人员，负责监理不同施工队的施工质量，并能够统筹预算造价。施工队的很多工序之间往往是分开的，没有一个总体的控制方式，不便于装修预算的控制。

④装修公司会有尾款扣押的规则，有利于业主维护自身利益，而施工队则没有这个规定。

家装知识扩展

适合选择选装修公司的人群

● 工作繁忙，没有足够的时间采购材料或者进行工地施工监理的业主。

● 完全没有任何装修经验的新手，不懂任何材料知识及施工工法，往往被糊弄也觉察不到。

● 性格不够果断，买衣服会因为选哪个颜色或款式而思考很久，买回家还会后悔。

适合选择装修施工队的人群

由于施工队没有广告费、管理费等附加费用，所以整体来说工费部分的费用比装饰公司花费少，但找施工队不能因为想省钱才找，它更适合满足以下四个条件的人群。

● 有足够充足的时间，能够有足够的精力来购买材料并操控整体的装饰效果。

● 有监理经验或者对工法足够了解，并且性格够果断，不会朝令夕改。

● 有一定的审美水平，对设计方案心中有数，且能够把控设计方案。

● 认识或熟悉水平很高的设计师，可以帮忙设计并进行监工指导。

二、挑选适合自己的装修公司

1. 找装修公司的主要渠道

寻找装修公司的渠道，主要有以下四种。

亲戚朋友的介绍
可以通过熟人的装修情况，详细了解公司的能力、信誉等情况，免去东奔西跑找公司的辛苦

报纸、杂志、电视广告
方式和渠道比较多，容易找到资质较强的公司，但羊毛出在羊身上，因为做了广告，通常来说此类公司收费也会高一些

家装市场
质量服务等方面有一定的保障，即使装修公司出事，也有家装市场管理部门做保障

网络
通过装修论坛、设计论坛等渠道找寻装修公司，可先看其作品、介绍，再联系公司，对设计水平比较心里有数

▲找寻装修公司主要渠道

2. 装修公司的主要经营模式

装修公司的主要经营模式如下表所示。

经营模式	概述	优点	缺点
高端设计室、品牌高端设计分部等	◎规模比较小，员工人数通常为8~15人 ◎设计师分等级，按装修预算不同有不同等级的设计师对应服务	◎设计综合素质强，软装通常还配有装软设计师进行方案的策划和装饰的指导 ◎设计费明码标价，更容易得到满意的设计方案 ◎通常有固定合作的施工队	◎通常收费会比较高，设计费和施工费分开计算
中小型装修公司	◎公司规模中等，员工人数通常为6~20人 ◎不止一位设计师	◎编制完整，人力较为充足 ◎部分公司有客服部，处理售后服务相关事宜	◎通常没有属于自己的施工队，施工质量容易参差不齐
连锁型装修公司	◎总部的规模通常比较大，员工人数较多，而分公司则根据地域的不同而有所区别 ◎设计师分等级，按装修预算不同有不同等级的设计师对应服务	◎管理通常都有固定的流程，主材有自己的联盟品牌 ◎部门划分较细致，功能齐全，售后服务也能够保证	◎通常有加盟费用或品牌附加费用，所以收费会高一些 ◎不同地区人员素质不同，除非总部或高端设计部，否则品牌并不一定代表着装修品质高
大型装修公司	◎公司规模较大，员工人数通常大于20人 ◎设计师分等级，按装修预算不同有不同等级的设计师对应服务	◎资源多，人力充足 ◎设计风格多元化 ◎发生问题有专属部门解决 ◎可能有专属的施工队	◎管理成本相对较高，所以收费也就相对高一些 ◎如果遇到经验少的设计师，施工过程中可能会出现各种问题

3. 考察装修公司的方法

考察装修公司，主要可分为以下几个步骤和方法。

01 看营业执照
目的是考察其是否有设计和施工的能力

02 看诚意
考察设计师和工长是否踏实肯干，是否真心实意为业主服务

03 看样板房
主要看最不起眼的位置，快速了解公司的负责程度

06 看售后
考察售后服务是否方便快捷，一次到位

05 看预算
看该公司预算透明程度，了解其价格是否合理

04 看施工工地
施工现场的一些细节能够反映一个公司的管理水平

三、挑选适合自己的设计师

1. 设计师的挑选方法

对于家居装修来说，设计师对于装修的质量和最后效果是否能够符合预期都是至关重要的。挑选设计师有两种情况，一是确定了装修公司，在其内部挑选设计师，二是决定找装修施工队施工，自己没有把握，请设计师设计或设计并监理。无论哪一种情况，找到适合自己的设计师才最关键。可从以下三个方面入手。

 看其询问的问题

看设计师是否会询问生活需求、习惯、爱好等问题，而不是只是简单了解喜好的风格或有无参考图片等问题，且阐述设计方案时是否更多注重装饰性而忽略了功能性

 看其解决问题的能力

提出自身对于房屋本身的一些困扰，看设计师是否能够给出让自己满意的解决方案；可以大致透露自己的预算范围，看其能否合理分配或提出中肯的建议，并在此范围内提出适合的设计方案

 查看其案例

查看一名设计师以往的案例是迅速了解他的一种方式。在查看过程中，可以看其设计是否仅注重美观而忽略了使用需求，与家居生活有关的动线的设计、收纳设计等是否合理等

▲ 设计师的挑选方法

2. 不同类型设计师的收费方式

（1）仅做空间设计的设计师工作内容及收费方式

①设计师要给业主所有的图纸，包含平面图、立面图及各项工程的施工图。

②设计师有义务帮业主跟工程公司或施工队解释图纸。

③通常只收设计费，在确定平面图后，开始签约付费，一般分 2 次付清。

（2）设计连同监工的设计师工作内容及收费方式

①设计师不光负责空间设计，还可以帮业主监工，解决施工过程中所遇到的问题。

②付费方式多为 2~3 次付清。

（3）从设计、监工到验收的设计师工作内容及收费方式

①设计师负责所有设计图，帮业主监工，并安排工程、确定工种及工时。

②协助材质挑选、解决工程中的问题，完工后负责验收及日后保修（保修期通常 1 年）。

③签约付第一次费用，施工后按工程进度收款，会有 10%~15% 的尾款至验收完成时付清。

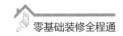
3. 设计师的工作流程及内容

设计师的工作流程及内容如下所示。

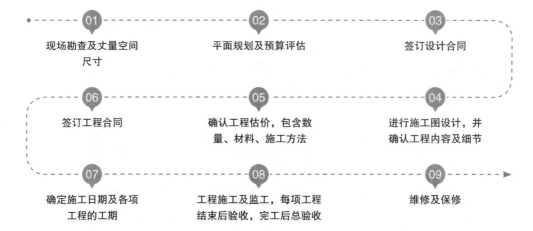

4. 与设计师沟通的技巧

与设计师的沟通方式与技巧，如下所示。

步骤序号	沟通方式与技巧
1	选出家庭代表和设计师进行沟通，以保证沟通的有效，同时也可以避免重复沟通，浪费时间
2	对设计师交代一些基本情况，如家庭成员、生活习惯、具体需求等，必须要详尽、清楚；同时将整体风格倾向、每个成员的个性需求等也一并交代清楚
3	将初步的装修预算告知对方，以免在初期预算就出现超标问题
4	探讨房间的功能分配，避免空间功能本末倒置
5	探讨房屋的结构问题，确定哪些可以拆除、哪些不能拆除
6	探讨装修细节问题，避免最终设计达不到预期
7	仔细审看设计图纸，尤其应注意尺寸部分的问题，避免方案与理想不符
8	探讨设计改动方案，避免由于考虑失策造成损失
9	定期做现场施工沟通，避免日后因施工质量与设计师发生矛盾
10	和质检员一起进行完工验收，避免工程瑕疵造成工期延迟的损失
11	征求设计师软装建议，避免与装修风格南辕北辙

四、施工队伍的选择

1. 施工队包含的工种及负责项目

施工队包含的工种及负责项目，如下所示。

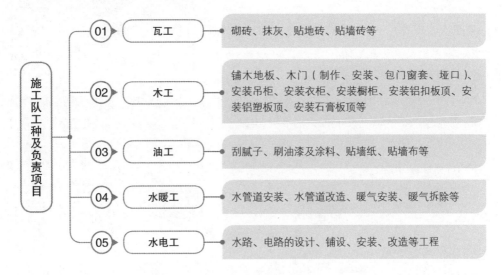

| 施工队工种及负责项目 | 01 | 瓦工 | 砌砖、抹灰、贴地砖、贴墙砖等 |

▲施工队包含的工种及负责项目

2. 考察施工队的要点

（1）报价要合理

报价来源于装饰工程所用的工费、材料、工艺。可自行多做一些市场行情的调查，而后对不同施工队的报价进行横向对比，选择报价合理的，但不建议选择低于平均标准的。

市场上的装修队的报价大体上可分为四种报价：游击施工队，其报价最低；挂靠公司的施工队，报价稍高；中档次的装修公司的施工队，报价比前者高；大牌的装饰公司的施工队报价最高。

（2）施工队的现场应整齐规范

考察其施工现场，主要包括以下几个方面：

①现场卫生：应该干净、卫生，没有烟头、垃圾的现象。

②材料码放：所有装饰材料要分类码放整齐。

③安全措施：施工现场最少要放两个灭火器，作为防火安全的措施。

④工人食宿：不许现场食宿，由于赶进度业主特许的，不能明火做饭，要自带坐便器。

⑤工人素质：对去现场看施工的业主，施工人员能主动地打招呼。

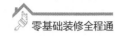
五、装修造价的确定

1. 市场行情的调查

（1）调查材料费用的市场价格

家装主要材料一般包括墙地砖、木地板、油漆涂料、多层板、墙纸、木线、电料、水料等。了解他们的市场行情，有助于业主与装饰公司谈判时控制工程总预算，使总价格不至于过高。

（2）调查人工费用的市场价格

人工可分为力工、水暖工、电工、瓦工、木工、油漆工等类型，不同工种负责的施工项目不同，费用也有所不同，且师傅的价格和学徒也有差别，可通过向已经装修过的亲朋好友询问或通过向施工方询问获得市场价。

力工费用
墙体拆除、线路开槽、材料搬运、垃圾清运

水暖工费用
给水管路改造、下水路改造、暖气改造及安装、水路打压、洁具和水路管件安装

电工费用
强电布线、弱电布线或智能布线、开关插座面板安装、安装灯具

瓦工费用
防水制作、墙体砌筑、包下水立管、瓷砖粘贴、地面找平

木工费用
柜体制作、扣板安装、吊顶制作、棚角线制作安装、背景墙制作、房间不规则门口修整、保温墙体制作

油工费用
墙面修整和找平、腻子批刮处理、乳胶漆涂饰、木器漆涂饰、裱糊工程

2. 承包方式及预算的分配

家装预算包含的内容比较繁杂，从其特征进行分类，大致可划分为材料费、施工费、施工方附加费用、保洁费及软装费用五个部分。这些费用总体来看又可划分成装修公司负责和业主负责两部分，而具体由哪一方负责哪些费用则与承包方式有关。

费用名称		包含内容
材料费	主材费	墙砖、地砖、地板、吊顶扣板、集成吊顶、橱柜、门窗、开关插座、暖气、五金件、卫浴洁具、厨房水槽等
	辅料费	电线、线管、水管、砂子、水泥、木工板、石膏板、石膏线、木方、油漆、乳胶漆、腻子粉

费用名称	包含内容
施工费	人工费、机械费
施工方附加费用	企业管理费、利润、税金
保洁费	开荒保洁费用
软装费用	家具、灯具、布艺、饰品等

（1）全包

全包装修也叫包工包料装修，即所有材料采购和施工都由施工方负责。

省钱指数：★★☆☆☆　省事指数：★★★★★　装修效果：★★★★☆

优点：省心、省时、省力；质量、环保及保修均较有保障；可保证工期；责任清晰。

缺点：容易出现偷工减料的情况；装修费用整体偏高。

适合人群：没有太多时间监工、资金较为充裕的人群。

装饰公司全包

注：洁具的费用是否由装饰公司承担，不同装饰公司可能存在一些差别，本书指一般情况，具体需要业主向装饰公司进行咨询

装饰公司的预算内容
⑤ 全部材料费
⑤ 人工费、机械费
⑤ 企业管理费、利润、税金

业主的预算内容
⑤ 灯具费用　⑤ 家具、布艺、
⑤ 电器费用　饰品费用
⑤ 开荒保洁费用

▲全包的预算内容

（2）半包

半包装修即包工包辅料，业主负责主材，装修公司负责装修工程的施工以及辅材的采购。

省钱指数：★★★☆☆　省事指数：★★★☆☆　装修效果：★★★☆☆

优点：可以节省一定量的时间；可节省部分资金。

缺点：需要花费一定时间监工；装修效果可能不如预期；容易出现不良公司更换材料或使用不良辅料的情况；质量需要通过严格监工才能保证；较难控制工期；出现质量问题责任较难界定。

适合人群：时间安排较为自由、有一定装修经验、对材料有鉴别能力的人群。

装饰公司半包

装饰公司的预算内容
⑤ 辅助材料的费用
⑤ 人工费、机械费
⑤ 企业管理费、利润、税金

业主的预算内容
⑤ 主材费用　⑤ 开荒保洁费用
⑤ 灯具费用　⑤ 家具、布艺、
⑤ 电器费用　饰品费用

▲半包的预算内容

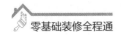

（3）清包

清包即包工不包料，也就是装修用的材料由业主全权负责，装修公司仅按供料施工。

省钱指数：★★★★☆　省事指数：★★☆☆☆　装修效果：★★☆☆☆

优点：可严格把控材料的价格，节省部分资金；若熟知装修材料，可以低于装修公司报价的价格买到高质量材料；自主性强，可充分满足自我意愿。

缺点：需要花费大量的时间购买材料和监工；装修效果较难保证；若不熟悉材料，容易买到次品；容易使材料产生浪费；质量需要通过严格监工才能保证；较难控制工期；出现质量问题责任较难界定。

适合人群：有非常充足的时间、有一定的装修经验并且有耐心的人群。

装饰公司清包

装饰公司的预算内容
⑤ 工费、机械费
⑤ 企业管理费、利润、税金

业主的预算内容
⑤ 主材费用　　⑤ 开荒保洁费用
⑤ 灯具费用　　⑤ 家具、布艺、
⑤ 电器费用　　　 饰品费用

▲清包的预算内容

（4）全屋整装

全屋整装是住宅装饰装修行业提出整体家装之后衍生出的一种全新装修模式，其整合了装修材料、基础施工、软装配饰、设计安装、定制家具，以及入住前开荒保洁等入住必备服务项目，用户仅需购置家电和生活用品即可实现入住。所谓的全屋整装实际上是把硬装、软装、定制家具、电器等整合到一起，一次性解决客户的所有需求。

省钱指数：★★☆☆☆

省事指数：★★★★☆

装修效果：★★★★★

优点：省心、省时、省力；公司服务热情，关心业主的每一个问题；施工质量优秀；保证了住宅的设计风格、家具风格和软装风格的统一，避免了装修完成后效果与前期设计效果不统一的问题；施工比较集中，工期较短；售后维修有保障；责任清晰。

缺点：公司没有明确的管理体系，容易导致后期施工的拖延；设计师水平不高。

适合人群：没有太多时间监工、资金较为充裕、想要拎包入住的人群。

全屋整装

装饰公司的预算内容
⑤ 全部材料费
⑤ 人工费、机械费
⑤ 企业管理费、利润、税金
⑤ 灯具费用
⑤ 开荒保洁费用
⑤ 家具、布艺、饰品费用

业主的预算内容
⑤ 电器费用

▲全屋整装的预算内容

了解装修公司的取费标准
- 管理费 = （人工费 + 材料费）×（5%~10%）
- 计划利润 = （人工费 + 材料费）×（5%~10%）
- 合计 = （人工费 + 材料费）+ 管理费 + 计划利润

3. 预算报价中的内容

报价单包含的内容

合格的报价单至少要包括项目名称、单价、用材数量、工程总价、材料结构、制造和安装工艺技术标准等

报价单中最重要的内容

报价单中最需关注的不是价格，而是"备注"或"材料结构和制造安装工艺技术标准"栏中的内容，通常包括工艺做法等内容，是比较不同报价单的依据之一

装修预算书附件中的内容

- 原始户型图、装修户型图、水电施工图、开关插座布置图、吊顶设计图等
- 如果有衣柜、橱柜、壁柜、背景墙造型，需要出具这些工程的局部详图，标清其制作的工艺和尺寸
- 如有必要，还应该附有材料使用详细清单、工程进度表等

▲ 预算报价中的内容

家装知识扩展

报价单具体内容的解析

- 单位：尽量不要写一项，有时没有单位，但施工区域范围清楚，如阳台拆除栏杆，类似这种，可以按项列表。

- 数量：弄清楚计算规则，建议业主自行核实，避免施工方增加数量；但有些材料会有一定量的损耗计算在内，通常是 5% 左右，不超出太多即可。

- 范围：哪一个区域发生的工程项目，必须要注明，避免施工方有意丢项，最后以此为借口增加资金。

- 工法：每一种工程必须写清楚具体做法，例如二手房中，如果地面需要铺设地砖，那么拆除时必须刨除旧水泥层。

- 建材：所用的建材，在"备注"或"材料结构和制造安装工艺技术标准"栏中必须标明所用品牌和规格，特别如瓷砖、地板这类的材料，不同类型差价较大，如瓷砖应标明规格、产地、系列、名称等，如果可以，最好附上照片以便于验料时进行核对。

- 例外事件：哪些不能拆除，可做特别提醒，如承重墙、卫浴间坐便器排水管等，避免误拆造成损失。

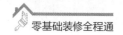

4.常见的报价方法

（1）全面调查，实际评估

步骤一：对所处建筑装饰材料市场和施工劳务市场调查了解，制定出材料价格与人工价格之和。

步骤二：对实际工程量进行估算，算出装修的基本价，以此为基础，再计入一定损耗和装修公司既得利润即可（综合损耗一般设定在5%~7%，装修公司的利润可设在10%左右）。

（2）了解同档次房屋的装修价格

步骤一：对同等档次已完成的居室装修费用进行调查。

步骤二：所获取到的总价除以每平方米建筑面积，所得出的综合造价再乘以即将装修的建筑面积。

市面上的价格比照参考：经济型400元/m²；舒适型600元/m²；小康型800元/m²；豪华型1200元/m²。选择时应注意装饰工程中的配套设施是否包含，以免上当受骗。

（3）分项计算工程量

步骤一：对所需装饰材料的市场价格进行了解，分项计算工程量，从而求出总的材料费。

步骤二：计入材料的损耗、用量误差、装修公司的毛利，最后所得即为总的装修费用。

● 分项计算工程量

分项计算工程量又称为预制成品核算，即分别按照单个项目计算工程量，一般为装修公司内部的计算方法。

（4）对综合报价有了解

步骤一：通过细致调查，对各分项工程的每平方米或每直米的综合造价有所了解，计算其工程量。

步骤二：将工程量乘以综合造价，最后计算出工程直接费、管理费、税金。

步骤三：所得最终价格即为装修公司提供给业主的报价。

这种报价方式是市面上大多数装修公司的首选报价方法，名类齐全，详细丰富，可比性强。

● 直米

是整体橱柜的一种特殊计价法，是一个立体概念，包括柜子边缘为1m的吊柜加柜子边缘为1m的地柜加边缘为1m的台面。

👷 **TIPS**

了解预算报价中的常见陷阱

● 虚报量：预算中虚报工程量，如不留意，最终汇总起来会很多。

● 漏项目：报价中故意省去一些必做的装修项目。

● 玩材料：设计阶段抬高材料价格，或混淆材料品牌、等级，施工阶段则以次充好。

● 换单位：把原本应该按平方米报价的项目改为按米报价。

● 乱收费：在预算书最后，会有一些"机械磨损费""现场管理费"等无需业主支付的项目。

六、装修合同的签订

1. 签订装修合同前的准备

（1）检查装饰公司的手续是否齐全

①合法经营的装饰公司，必须有营业执照。

②对于开设分支机构的公司，要检查对方是否有法人委托书。

③一般家庭装修，装饰公司有四级资质即可。

④不要和只有一张营业执照复印件的人谈家装工程，因为无法判定其真实性。

（2）检查装饰公司的设计方案资料是否齐全

①设计图纸要齐全，应包括房间平面图、立面图、吊顶图、水电图及现场制作的家具图等。

②工程预算要全面，审查是否已按双方约定做好，把缺项漏项在合同签订之前做好。

③材料要写清，检查甲乙双方的材料一览表。

④合同要全面，若等到开工以后再补齐，会留下很多隐患。

（3）预习装饰公司提供的《××家庭居室装饰装修施工合同》

仔细研究合同的每一项条款，查找装饰公司的"文字陷阱"。

2. 装修合同的内容

（1）了解合同中工程概况的标明方式

①内容：工程名称、地点、承包范围、承包方式、工期、质量和合同造价。

②方式：承包设计和施工、承揽施工和材料供应、承揽施工及部分材料的选购、甲方供料乙方只管施工、只承接部分工程的施工等（方式不同，各方工作内容也不同）。

（2）明确合同双方的职责

甲乙双方的职责如下表所示。

对象	具体责任
甲方（业主）	◎向施工单位提供住宅图纸或做法说明，清空房屋并拆除影响施工的障碍物，提供施工所需的水、电、气及通信等设备 ◎办理施工所涉及的各种申请、批件等手续；负责保护好各种设备、管线 ◎做好现场保卫、消防、垃圾清理等工作，并承担相应费用 ◎确定驻工地代表，负责合同履行、质量监督，办理验收、变更、登记手续和其他事宜，确定委托单位等
乙方（装修公司）	◎拟定施工方案和进度计划，交甲方审定，严格按施工规范、安全操作规程、防火安全规定、环境保护规定、图纸或做法说明进行施工 ◎质量检查记录，参加竣工验收，编制工程结算 ◎遵守政府有关部门对施工现场管理的规定，做好保卫、垃圾处理、消防等工作 ◎负责现场的成品保护，指派驻工地代表，负责合同履行，按要求保质、保量、按期完成施工任务

（3）合同中对材料供应做出规定的方法

①由甲方负责提供的材料，应是符合设计要求的合格产品，并按时运到现场；如发生质量问题由甲方承担责任。

②甲方提供的材料，经乙方验收后，由乙方负责保管，甲方支付保管费，如乙方保管不当造成损失，由乙方负责。

③由乙方提供的材料，不符合质量要求或规格有差异，应禁止使用；若已使用，对工程造成的损失由乙方负责。

（4）合同中规定工程质量验收的方法

①双方应及时办理隐蔽工程和中间工程的检查和验收手续。

②由于甲方提供的材料、设备质量不合格而影响的工程质量由甲方承担返工费，工期相应顺延；由乙方原因造成的质量事故返工费由乙方承担，工期不顺延。

③工程竣工后，甲方在接到乙方通知3日内组织验收，办理移交手续。

（5）项目预算书要详细

①报价应包括项目名称、计量单位、数量、单价、合计金额，同时应该标注必要的材料品牌、型号、规格以及材料的等级。

②简单的工艺做法在预算单的备注栏里也应做出标注。

（6）设计图纸须齐全

签订合同时须将相关图纸准备好，若过程中图纸有所变更，也要在合同中所必备图纸的基础上修改。

（7）图纸应包括的必要要素

①图纸比例。避免现场制作出来以后，与设计相差甚远。

②详细比例。避免设计师在准备施工的现场没有认真细致地测量。

③项目材料。便于日后施工人员依约定图纸施工。

④标注工艺。便于防止施工人员在施工过程中偷工减料。

3. 合同内容中需要注意的部分

（1）工期约定

简单装修工期大致 35 天左右，装修公司一般会把工期约定到 45~50 天。如果工程面积比较大、工艺较为复杂，则会根据实际情况延长期限，双方可共同商议。并且还要约定什么情况下可以延期，什么情况下不能延期，避免施工队交叉工地施工延误工期。

（2）付款方式

装修款不宜一次性付清，最好分成首期款、中期款和尾款等多个部分来支付，尾款通常是 10%，但为了防止不良设计师或施工队不负责任，业主可以将尾款争取到 20%。业主可与装修公司约定工程"验收通过"才能支付尾款，不要刚完工未进行验收就支付尾款。

（3）增减项目

合同中应注明，若需要进行项目变动，需要增加项目及预算，要经过双方书面同意后才能开工，以免日后出现争议。

（4）保修条款

保修期限现多为 1 年，在合同规定的保修时间内装修工程如果出现质量问题，针对装修公司的保修方式要在合同中写清楚。

（5）水电费用

装修过程中，现场施工用到的水、电、煤气等由谁支付要标明。

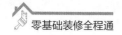

（6）按图施工

合同上要写明严格按照签字认可的图纸施工，若不符可以要求返工。

（7）监理和质检到场时间和次数

监理和质检，每隔 2 天应该到场一次；设计也应该每 3~5 天到场一次。

4. 签订装修合同的要点

（1）业主可签字的情况

一般情况，当合同中有下列条款时，业主基本可以考虑在合同上签字。

□ 合同中应写明甲乙双方协商后均认可的装修总价

□ 工期（施工和竣工期）

□ 质量标准

□ 付款方式与时间（最好在合约上写清"保修期最少 3 个月，无施工质量问题，才付清最后一笔工程款，约为总装修款的 20%"）

□ 注明双方应提供的有关施工方面的条件

□ 发生纠纷后的处理方法和违约责任

□ 有非常详细的工程预算书（预算书应将厨房、卫浴间、客厅、卧室等部分的施工项目注明，数量也应准确，单价也要合理）

□ 应有一份非常全面而又详细的施工图（其中包括平面布置图、顶面布置图、管线开关布置图、家具式样图、门窗式样图和配色式样图）

□ 应有一份与施工图相匹配的选材表（分项注明用料情况，例如墙面瓷砖，在表中应写明其品牌、生产厂家、规格、颜色、等级等）

□ 对于不能表达清楚的部分材料，可进行封样处理

□ 合同中应写有"施工中如发生变更合同内容及条款，应经双方认可，并再签字补充合同"的字样

（2）业主不可签字的情况

当合同中下列条款含糊不清时，业主不能在合同上签字

□ 装修公司没有工商营业执照

□ 装修公司没有资质证书

□ 合同报价单中遗漏某些硬装修的主材

□ 合同报价单中某个单项的价格很低

□ 合同报价单中材料计量单位模糊不清

□ 施工工艺标注得含糊不清

第四章

装修材料的选择

家居设计是通过色彩和质感而被人们感知的,这些都要依赖于材料才能实现,可以说,材料是联系设计与施工的纽带,没有材料为基础,一切设计均为空谈。而从业主的角度来说,材料不仅与设计有关,还与预算有着密不可分的关系,了解装修不同时期需要进场的材料种类,以及常用主材的种类、特点、适用范围、市场价格范围等,可以锁定预算范围内的适用材料,有助于控制预算并且可以防止被施工方糊弄。

扫码下载电子书
《建材在施工中的常见问题》

一、装修材料的采购时间和种类

1. 装修前期需采购的材料

装修前需定下的材料种类（开工前或开工 1~10 天），如下表所示。

材料种类	概述
橱柜、厨具、洁具	◎装修前购买的材料大多牵涉水电改造 ◎确定下来防止后期大动房间格局 ◎橱柜有预定周期，要提前考虑

2. 装修中期需采购的材料

施工过程中应选购的材料种类（开工后 10~40 天），如下表所示。

材料种类	概述
墙地砖、地板、门窗、吊顶材料	◎装修中期的材料要根据整体规划和施工进度逐一进行购买 ◎装修中期的材料与施工密切相关

3. 装修后期需采购的材料

装修后期应选购的材料种类（开工后 40~60 天），如下表所示。

材料种类	概述
涂料、玻璃、墙纸、墙面板材、石材、灯具、开关插座、五金锁具、家具、布艺织物	◎装修后期采购的材料大多属于装饰性建材，根据工程进度进行购买 ◎装修后期采购的材料可以根据装饰整体走向，如色彩、风格等进行确定 ◎在装修敲定后进行购买，不会造成因返工或变更方案而引起浪费

TIPS

选购建材前需要考虑的五大因素

- 根据家庭成员考虑家居用材，有老人和儿童的家庭应更加注意安全性特征。
- 根据空间的特性考虑家居用材，地板等材质不适合用于潮湿环境。
- 根据家居预算选择合适的建材，学会调整材质，寻找替代建材。
- 根据空间风格选择建材，直接影响到空间风格营造得是否成功。
- 根据工期长短选择建材，了解每一种材料所需的施工期限。

二、常用主要材料及选购

1. 吊顶材料

（1）吊顶材料的常见种类

家居装修中常用吊顶材料的种类、特点、适用范围及价格等，如下表所示。

名称	特点	适用范围	参考价格范围
纸面石膏板	◎轻质、防火、加工性能良好 ◎品种多样，还有防火、防潮等特殊功能的产品 ◎普通纸面石膏板受潮会产生腐化，易脆裂	◎所有家居空间的吊顶设计 ◎间隔墙制作	40~105 元 / 张
铝扣板	◎不易变形、开裂 ◎装饰性强，品种多样 ◎安装要求较高	所有家居空间的吊顶设计	10~65 元 /m
PVC 扣板	◎防水、防潮 ◎重量轻、安装简便 ◎物理性能不够稳定，易变形、碎裂	所有家居空间的吊顶设计	40~105 元 / 张
装饰线	◎种类多，样式多，装饰性强 ◎安装简便	◎所有家居空间的吊顶设计 ◎墙面造型设计	10~65 元 /m

（2）各类吊顶材料的选购常识

各类吊顶材料的选购方法，可参考下表。

名称	选购要点
纸面石膏板	◎优质纸面石膏板的纸面轻且薄，强度高，表面光滑没有污渍，韧性好 ◎高纯度的石膏芯主料为纯石膏，好的石膏芯颜色发白 ◎用墙纸刀在石膏板的表面画一个"X"，在交叉的地方撕开表面，纸层不脱离石膏芯的为优质板 ◎优质纸面石膏板较轻
铝扣板	◎声音脆的说明基材好 ◎看漆面是否脱落、起皮 ◎可用打火机将板面熏黑，覆膜板容易将黑渍擦去
PVC 扣板	◎敲击板面声音清脆，用手折弯不变形，富有弹性 ◎用火点燃，燃烧慢说明阻燃性能好 ◎带有强烈刺激性气味则说明环保性能差
装饰线	好的线板花样立体感十足，在设计和造型上均细腻别致

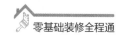

2. 饰面及构造板材

（1）饰面及构造板材的常见种类

家居装修中常用饰面及构造板材的种类、特点、作用、适用范围及价格等，如下表所示。

名称	特点	作用	适用范围	参考价格范围
薄木贴面板	◎花纹美观、装饰性好、立体感强 ◎品种多样，适合多种家居风格 ◎易加工，施工简便 ◎面层与芯层胶合，次等品易含有较多的甲醛	饰面装饰	◎门、门窗套 ◎家具 ◎墙面 ◎垭口、踢脚线	80~300 元/张
科定板（KD板）	◎花纹美观、装饰性好、立体感强 ◎品种多样，适合多种家居风格 ◎表面已做好涂饰，无需再刷漆 ◎施工要求较高，比较考验施工人员的手艺	饰面装饰	◎墙面饰面 ◎粘贴桌、柜、梁柱等木质材料或夹板的表面	150~420 元/张
三聚氰胺板（免漆板、生态板）	◎种类多样，花纹多样 ◎表面平滑光洁，耐磨、耐腐蚀 ◎表面已做好涂饰，无需再刷漆 ◎芯板种类多，性能差别较大 ◎封边易崩边、不能锣花只能直封边	造型及饰面装饰	◎墙面 ◎家具	130~350 元/张
实木指接板	◎纹理独特，效果个性 ◎用胶量少，环保性能好 ◎易于加工，施工简便 ◎使用后期可能会出现变形现象	基层或饰面装饰	◎家具	100~200 元/张
细木工板	◎握钉力好，不易变形 ◎易加工，施工简便 ◎环保标准普遍偏低	造型或制作基层	◎墙面 ◎家具 ◎门窗	100~310 元/张
欧松板	◎握钉能力强、结实耐用 ◎环保性能强 ◎厚度稳定性较差	造型或制作基层	◎家具 ◎隔墙 ◎背景墙	130~350 元/张
奥松板	◎稳定性强，内部结合强度高 ◎表面纹理独特 ◎不容易吃普通钉，节疤、不平现象多	◎造型或制作基层 ◎饰面装饰	◎墙面 ◎隔墙 ◎家具	130~350 元/m²
胶合板	◎结构强度高、拥有良好的弹性、韧性 ◎易于加工和涂饰作业 ◎能够轻易地创造出弯曲、圆形、方形等各种造型 ◎容易有环保超标的问题	造型或制作基层	◎饰面板板材的底板 ◎板式家具背板 ◎门扇的基板	60~150 元/m²

（2）各类饰面及构造板材的选购常识

各类饰面及构造板材的选购方法，可参考下表。

名称	选购要点
薄木贴面板	◎贴面越厚的性能越好 ◎面层木皮应细致均匀、色泽清晰、木色相近 ◎表面光洁，无明显瑕疵、毛刺沟痕和刨刀痕 ◎无透胶现象和板面污染现象 ◎无开胶现象，胶层结构稳定
科定板（KD板）	◎纹理应细致均匀，色泽清晰，美观大方，基本对称 ◎表面光滑，色彩丰富 ◎科定板的表面以环保UV漆于工厂进行涂膜，无毒无害，购买时要注意有无刺鼻气味
三聚氰胺板 （免漆板、生态板）	◎表面应足够平整，在光线稍暗的地方朝45°的方向去看板材是否有凹凸不平 ◎表面应无污斑、空隙等缺陷，表面的色泽应均匀 ◎面层与基层结合应牢固，无分层、起泡现象 ◎基材厚度均匀，质感细腻，周边平滑，表面无空鼓
实木指接板	◎板条越大越好，不宜过碎 ◎指接板的含水率达标很重要，可避免开裂和变形，用手触摸板材应无冰凉感 ◎板条芯材年轮越大、树龄越长，通常材质越好 ◎板条间的拼接缝隙小，无缺胶、脱胶现象 ◎有明齿和暗齿两种类型，后者质量会更好一些
细木工板	◎用手轻抚木芯板板面，如感觉到有毛刺扎手，则表明质量不高 ◎用双手将细木工板一侧抬起，上下抖动，声音具有整体、厚重感 ◎从侧面拦腰锯开，板芯均匀整齐，无腐朽、断裂、虫孔等
欧松板	◎欧松板内部任何位置应没有接头、缝隙、裂痕等现象 ◎优质的欧松板的刨片较大且呈一定方向排列 ◎优质的欧松板表面比较平整，不会出现显著凹凸感 ◎欧松板使用的胶不释放游离甲醛，如板材甲醛释放量高，就不是优质的欧松板
奥松板	◎板芯接近树木原色，有淡淡的松木香味 ◎用尖嘴器具敲击表面，声音清脆干净 ◎用"试水法"鉴别奥松板，板材几乎没有变化
胶合板	◎木纹清晰，美观 ◎表面平整光滑，不应有鼓包 ◎无变形、开裂、破损、碰伤、腐朽、节疤、裂纹、压痕、污染、毛糙等疵点

3. 木质及非木质地板

（1）木质及非木质地板的常见种类

家居装修中常用木质及非木质地板的种类、特点、适用范围及价格等，如下表所示。

名称	特点	适用范围	参考价格范围
实木地板	◎脚感舒适，冬暖夏凉 ◎花纹自然、美观 ◎材质硬密，抗腐抗蛀性强，经久耐用 ◎具有良好的保温、隔热、隔声、吸声、绝缘性能 ◎对环境的干燥度要求较高，不宜在湿度变化较大的地方使用，容易变形、开裂 ◎需要精心保养，经常打蜡、上油才能维持光泽感	◎客厅 ◎卧室、书房	350~1000 元 /m²
实木复合地板	◎具有天然木质感，纹理优美，媲美实木地板 ◎保温、隔热、隔声、吸声、绝缘 ◎有较理想的硬度、耐磨性、抗刮性 ◎阻燃、光滑，便于清洁 ◎稳定性强，可应用在地热采暖环境 ◎表层较薄，需重视维护保养	◎客厅、餐厅 ◎玄关、过道 ◎卧室、书房	100~500 元 /m²
软木地板	◎纹理独特，种类多样 ◎环保性能极强，可循环利用 ◎弹性极佳、恢复性强，可防止摔伤，脚感舒适 ◎保温、隔声、吸声、隔热、绝缘 ◎耐磨、防滑、抗静电、耐腐蚀、防潮、防虫蛀 ◎施工简便，易于维护，不易变形 ◎比较来说，价格较高	◎客厅、餐厅 ◎厨房 ◎玄关、过道 ◎卧室、书房	200~800 元 /m²
强化地板	◎纹理整齐、色泽均匀，花纹多样 ◎耐磨、阻燃、防潮、防静电，防滑、耐压，强度大 ◎便于施工安装，无需龙骨，小地面不需胶接 ◎易清理，无需保养 ◎水泡损坏不可修复，脚感差	◎客厅、餐厅 ◎玄关、过道 ◎卧室、书房	60~300 元 /m²
竹地板	◎外观自然清新，纹理细腻流畅 ◎牢固稳定，不开胶，不变形 ◎具有超强的防虫蛀功能，阻燃，耐磨，防霉变 ◎硬度高，稳定性极佳，结实耐用，脚感好 ◎随气候干湿度变化有变形现象	◎客厅、餐厅 ◎玄关、过道 ◎卧室、书房	220~600 元 /m²
PVC 地板	◎色泽艳丽美观，花纹众多 ◎质轻，尺寸稳定，施工方便，经久耐用 ◎不耐烫，易污染，易受损	◎客厅、餐厅 ◎玄关、过道 ◎卧室、书房	50~200 元 /m²
亚麻地板	◎纹理独特，色彩可长久弥新 ◎材质天然，环保性极强 ◎质轻，尺寸稳定，施工方便，经久耐用 ◎环境温度低会断裂，不防潮	◎客厅、餐厅 ◎玄关、过道 ◎卧室、书房	350~700 元 /m²

（2）各类木质及非木质地板的选购常识

各类木质及非木质地板的选购方法，可参考下表。

名称	选购要点
实木地板	◎检查基材是否有死节、开裂、腐朽、菌变等缺陷 ◎查看漆膜光洁度是否有气泡、漏漆等问题 ◎观察企口咬合、拼装间隙、相邻板间高度差 ◎选择适合尺寸，实木地板并非越长、越宽越好，建议选择中短长度的地板，不易变形 ◎国家标准规定木地板的含水率为 8%~13%，可用含水率测定仪测试，相差在 2% 以内可认为合格 ◎购买时应多买一些作为备用，一般 20m² 房间材料损耗在 1m² 左右
实木复合地板	◎表层板材越厚，耐磨损的时间就越长 ◎表层应选择质地坚硬、纹理美观的品种；芯层和底层应选用质地软、弹性好的品种 ◎木材表面不应有夹皮树脂囊、腐朽、节疤、节孔、冲孔、裂缝和拼缝不严等缺陷 ◎油漆应饱满，无针粒状气泡等漆膜缺陷 ◎选择几块进行试拼，其榫、槽接合应严密，手感平整 ◎实木复合地板内含胶，所以应注意其环保性能
软木地板	◎观察砂光表面是否光滑，有无鼓凸的颗粒，软木的颗粒是否纯净 ◎查看拼装起来是否有空隙或不平整 ◎将地板两对角线合拢，看其弯曲表面是否出现裂痕
强化地板	◎表面要求光洁无毛刺 ◎用钥匙或其他硬物剔蹭表面，表面应没有任何划痕和损伤 ◎目前市场上地板的厚度一般为 6~18mm，同价格范围内，选择时应以厚度厚些为好 ◎可拿两块地板的样板拼装一下，拼装后企口整齐、严密为佳 ◎掂重量，基材越好，密度越高，地板也就越重
竹地板	◎表面颜色应基本一致，清新而具有活力 ◎表面漆上应无气泡，色彩清新亮丽，竹节无发黑现象，表面无胶线 ◎地板四周无裂缝、无批灰痕迹，干净整洁 ◎注意竹木地板是否是六面淋漆 ◎观察地板两侧断面，看其结构是否对称平衡 ◎看地板层与层间胶合是否紧密，可用两手掰，看其层与层之间是否存在分层
PVC 地板	◎仔细看外观，是否细腻，色彩是否饱和，表面是否光亮，截面是否细腻、坚实 ◎选购时主要看耐磨层的厚度，通常来说耐磨层越厚越好 ◎反复弯曲折叠 PVC 地板，好的产品没有任何变化 ◎用手捏一捏 PVC 地板，好的 PVC 地板具有好的弹性；卷成筒状，然后放在平坦的地方等它自动铺平，铺平的快慢能反映出 PVC 地板的柔韧度 ◎用鼻子闻是否有刺鼻气味，劣质 PVC 地板有刺鼻异味
亚麻地板	◎观察亚麻地板的表面木面颗粒是否细腻 ◎将清水倒在地板上判断其吸水性 ◎用鼻闻亚麻地板是否有怪味

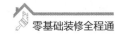
4. 瓷砖及玻璃

（1）瓷砖及玻璃的常见种类

家居装修中常用瓷砖及玻璃的种类、特点、适用范围及价格等，如下表所示。

名称	特点	适用范围	参考价格范围
釉面砖	◎表面密实、光亮，强度高 ◎不吸水，易于清洁，抗腐蚀，耐风化，耐久 ◎耐磨性不如抛光砖	◎厨房、卫浴	40~200 元 /m²
仿古砖	◎样式、颜色、图案具有怀旧的氛围 ◎品种、花色较多，尺寸较大 ◎可以任意切割、磨边、倒角 ◎强度高，耐磨性高，防水防滑，耐腐蚀	◎客厅、餐厅 ◎玄关、过道 ◎卧室、书房 ◎厨房、卫浴	25~200 元 / 块
玻化砖	◎光泽感极强，色彩艳丽柔和，没有明显色差 ◎表面光洁但又不需要抛光，不存在气孔的问题 ◎吸水率小，抗折强度高，质地坚硬，耐磨 ◎性能稳定，耐腐蚀、抗污性强	◎客厅、餐厅 ◎玄关、过道 ◎卧室、书房	80~300 元 /m²
马赛克	◎种类、花色繁多，色彩丰富 ◎可随意设计拼接图案，装饰效果极强 ◎防滑，耐磨，不吸水，耐酸碱，抗腐蚀 ◎缝隙小，易藏污纳垢	◎客厅、餐厅 ◎玄关、过道 ◎卧室、书房 ◎阳台、游泳池	90~450 元 / 张
烤漆玻璃	◎品种多样，色彩丰富 ◎耐水性、耐酸碱性强 ◎使用环保涂料制作，环保、安全 ◎抗紫外线，抗颜色老化性强，耐污性强，易清洗 ◎部分品种潮湿环境容易脱漆	◎背景墙、墙面 ◎台面 ◎隔断 ◎衣柜门	80~400 元 /m²
钢化玻璃	◎具有极强的安全性，碎裂不伤人 ◎耐冲击性能强 ◎钢化后不能再进行切割操作	◎隔断 ◎门玻璃 ◎楼梯栏板	100~150 元 /m²
镜面玻璃	◎色彩丰富，装饰性强 ◎可扩大空间感，也可隐藏梁、柱	◎背景墙、墙面 ◎衣柜门	200~280 元 /m²
艺术玻璃	◎品种多样，可选择范围广，具有其他玻璃没有的多变性 ◎装饰性强，具有艺术感 ◎可进行图案的定制	◎背景墙、墙面 ◎隔断 ◎门玻璃 ◎衣柜门	300~1000 元 /m²
玻璃砖	◎有多种色彩和规格可供选择，可用不同尺寸、大小、花样、颜色的玻璃砖做出不同的设计效果 ◎不吸水，表面光滑，便于清洁 ◎经济、美观、实用 ◎隔音、隔热、防水、节能、透光良好 ◎体积小，重量轻，施工简洁方便	◎背景墙 ◎隔墙 ◎隔断 ◎顶面 ◎地面	20~100 元 / 块

（2）瓷砖及玻璃的选购常识

各类瓷砖及玻璃的选购方法，可参考下表。

名称	选购要点
釉面砖	◎表面光泽亮丽，无划痕、色斑、漏抛、漏磨、缺边、缺角等缺陷 ◎手感较沉，敲击声音浑厚且回音绵长 ◎观察其表面有无开裂和釉裂 ◎将釉面砖反转过来，看其侧面及背面，如果有裂纹，且占釉面砖本身厚度一半或一半以上，此砖不宜使用
仿古砖	◎色泽均匀，表面光洁度及平整度要好 ◎从同一包装箱中抽出几片，对比有无色差、变形、缺棱少角等缺陷 ◎从砖的侧面看其密度，如果粗糙或有大量孔隙说明质量不佳 ◎用手掂量，同规格的砖，密度越高、越重越好 ◎以硬物划刻砖体表面，如果出现了明显的刮痕，说明瓷砖表面的硬度与釉面质量不达标 ◎好的瓷砖用手轻敲，会发出清脆响亮的声音
玻化砖	◎表面光泽亮丽，色泽均匀，无明显色差 ◎表面无划痕、色斑、漏抛、漏磨、缺边、缺角等缺陷 ◎手感较沉，敲击声音浑厚且回音绵长 ◎玻化砖越加水会越防滑，可滴水进行测试
马赛克	◎在自然光线下，距马赛克半米处目测有无裂纹、疵点及缺边、缺角现象 ◎如内含装饰物，其分布面积应占总面积的20%以上，且分布均匀 ◎马赛克的背面应有锯齿状或阶梯状沟纹 ◎把水滴到马赛克的背面，水滴往外溢的质量好，往下渗透的质量差 ◎注意颗粒之间是否同等规格、是否大小一样、每个小颗粒边沿是否整齐 ◎将单片马赛克置于水平地面检验是否平整
烤漆玻璃	◎正面看色彩鲜艳，纯正均匀，亮度佳，无明显色斑 ◎背面漆膜十分光滑，没有或者只有很少的颗粒突起，没有漆面"流泪"的痕迹
钢化玻璃	◎戴上偏光太阳眼镜观看玻璃应该呈现出彩色条纹斑 ◎用手使劲摸钢化玻璃表面，会有凹凸的感觉 ◎需测量好尺寸再购买
镜面玻璃	◎表面应平整、光滑且有光泽 ◎镜面玻璃的透光率大于84%，厚度为4~6mm
艺术玻璃	◎最好选择钢化艺术玻璃，或者选购加厚的艺术玻璃 ◎到厂家挑选，找出类似的图案样品参考
玻璃砖	◎无表面翘曲及缺口、毛刺等质量缺陷，角度要方正 ◎外观质量不允许有裂纹，玻璃坯体中不允许有不透明的未熔物 ◎外表面里凹应小于1mm，外凸应小于2mm

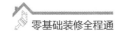

5. 天然及人造石材

（1）天然及人造石材的常见种类

家居装修中常用天然及人造石材的种类、特点、适用范围及价格等，如下表所示。

名称	特点	适用范围	参考价格范围
大理石	◎品种多样，可选择范围广 ◎纹理变化性强，色彩丰富，装饰效果华丽、美观 ◎可锯，可切，可磨光、钻孔、雕刻等 ◎硬度高，耐磨性强，变形小，不会出现划痕 ◎组织缜密，受撞击晶粒脱落后表面不起毛边 ◎防锈、防磁、绝缘，使用寿命长 ◎不必涂油，不易沾微尘，维护、保养方便简单	◎背景墙、墙面、柱面 ◎地面 ◎洗手台 ◎台面 ◎窗台板	120~500 元 /m²
花岗岩	◎色彩较多样，花纹比大理石单一 ◎表面平整光滑，色泽持续力强且稳重大方 ◎质地均匀，构造紧密，具有较高的硬度 ◎抗压强度好，孔隙率小，吸水率低，导热快 ◎耐磨性好，耐久性高，抗冻，耐酸，耐腐蚀，不易风化	◎地面 ◎楼梯面 ◎洗手台 ◎台面 ◎窗台板 ◎柜面	120~500 元 /m²
洞石	◎颜色丰富，纹理独特 ◎有特殊的孔洞结构，有着良好的装饰性能，能体现天然韵味和原始风情 ◎纹理清晰，质地细密，硬度小，质地疏松 ◎表面有孔，因此容易脏污，不耐磨，易断裂	◎墙面、背景墙	280~520 元 /m²
玉石	◎每一块玉石的图案和纹理都是独一无二的 ◎色彩美观，色泽典雅，纹理多变 ◎装饰效果高贵，拼接后可形成壮丽的画面 ◎有一定透光度，背后可搭配灯光做透光效果 ◎质地细腻，质感温润	◎墙面、背景墙 ◎地面 ◎屏风 ◎洗手台 ◎台面	1000~3000 元 /m²
人造石材	◎色彩和图案丰富多样，种类繁多 ◎不含放射性物质，无放射性污染 ◎阻燃，抗菌防霉，耐磨，耐冲击 ◎可如硬木一般切割、加工，可粘接且可无缝拼接 ◎石材结构致密性高，无微孔，液体不能渗入，抗菌	◎背景墙、墙面 ◎台面 ◎隔断 ◎衣柜门	180~500 元 /m²
文化石	◎是毛石、鹅卵石等天然石材的环保性代替品 ◎吸音、防火、隔热，无毒、无污染、无放射性 ◎切割方便，可随兴拼贴，安装简单 ◎不褪色，耐腐蚀，耐风化，强度高 ◎经防水剂工艺处理，不易沾附灰尘，免维护保养，易清洁	◎背景墙、墙面 ◎壁炉 ◎阳台 ◎庭院	120~350 元 /m²

（2）天然及人造石材的选购常识

各类天然及人造石材的选购方法，可参考下表。

名称	选购要点
大理石	◎看样品的颜色，样品的颜色要清纯不混浊，表面无类似塑料胶质感，板材反面无细小气孔 ◎面层色调应基本一致，色差较小，花纹美观 ◎优质大理石板材的抛光面应具有镜面一样的光泽，能清晰地映出景物 ◎用手摸石材表面，应该有如丝绸般的光滑感，无涩感，无明显高低不平感 ◎质量好的石材敲击声清脆悦耳；若石材内部存在轻微裂隙或因风化导致颗粒间接触变松，则敲击声粗哑 ◎用墨水滴在表面或侧面上，不容易吸水 ◎面板应平整，无翘曲或凹陷，没有裂纹、砂眼、色斑等缺陷
花岗岩	◎表面光亮，色泽鲜明，纹理顺滑，晶体裸露 ◎肉眼观察石材的表面结构，均匀的细料结构石材具有细腻的质感，品质较高 ◎用手敲击，声音应清脆悦耳 ◎厚薄要均匀，四个角要准确分明，切边要整齐，各个直角要相互对应 ◎量一下尺寸规格，质量较好的花岗岩尺寸误差小、翘曲少、表面平整 ◎根据预算选购适合的产品，进口产品品质不一定优于国产的产品，但价格通常高很多
洞石	◎表面纹理应清晰、顺畅，无过大色差 ◎板材表面应无任何损伤、裂纹、缺角、色斑等缺陷 ◎板面应平整，厚度均匀一致 ◎洞石的孔洞不宜过密，直径不宜大于 3mm，不应有相通的孔洞 ◎板材的尺寸不宜过大，一般应控制在 $1m^2$ 以内 ◎不宜采用细长条石板，否则运输中容易碎裂。石板的长宽比例不宜超过 1∶3 ◎品质较高的天然和人造洞石多为欧洲国家进口的，如意大利、西班牙等国
玉石	◎选玉石最主要的是纹理，建议直接去厂里挑选，不要只看样板 ◎表面触感应细腻、温润、光滑 ◎石板应没有任何损伤、缺角、裂纹等缺陷，四角应棱角分明，板材应平整
人造石材	◎颜色纯净，通透性好，表面无类似塑料胶质感，板材反面无细小气孔 ◎手摸人造石样品表面有丝绸感，无涩感，无明显高低不平感 ◎用指甲划人造石材的表面，无明显划痕 ◎用酱油测试台面渗透性，无渗透 ◎用打火机烧台面样品，阻燃，不起明火 ◎看材质，通常纯亚克力的人造石材性能更佳。纯亚克力人造石材在 120℃ 左右可以热弯变形而不会破裂
文化石	◎优质文化石表面没有杂质，无气味 ◎用手摸文化石的表面，如表面光滑没有涩感，则质量比较好 ◎划文化石的表面不会留下划痕 ◎敲击文化石不易破碎；摔文化石顶多碎成两三块

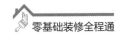

6. 墙纸及墙布

（1）墙纸及墙布的常见种类

家居装修中常用墙纸与墙布的种类、特点、适用范围及价格等，如下表所示。

名称	特点	适用范围	参考价格范围
PVC 墙纸	◎原料为 PVC，有一定的防水性 ◎表面有一层珠光油，不容易变色 ◎经久耐用，表面可擦拭 ◎透气性不佳，湿润环境中对墙面损害较大	◎客厅、餐厅 ◎玄关、过道 ◎卧室、书房 ◎厨房、卫浴	50~280 元 /m²
无纺布墙纸	◎拉力强，不发霉或发黄 ◎防潮、透气、柔韧、不助燃 ◎无毒无刺激性，容易分解，可循环再用 ◎花色相对来说较单一，色调较浅	◎客厅、餐厅 ◎玄关、过道 ◎卧室、书房	70~480 元 /m²
纯纸墙纸	◎图案以打印方式制成，清晰逼真，色彩还原好 ◎透气防潮效果较好，不易受潮发霉 ◎颜料墨水为水性材料，是最为环保的墙纸 ◎表面涂有薄蜡材质，耐磨性较好 ◎抗污染性能较好，保养简单	◎客厅、餐厅 ◎玄关、过道 ◎卧室、书房	70~500 元 /m²
木纤维墙纸	◎绿色环保，透气性高 ◎有相当卓越的抗拉伸、抗扯裂强度，是普通壁纸的 8 ~10 倍 ◎易清洗，使用寿命长	◎客厅、餐厅 ◎玄关、过道 ◎卧室、书房	80~700 元 /m²
植绒墙纸	◎立体感比其他任何壁纸都要出色 ◎有明显的丝绒质感和手感 ◎不反光，具吸音性，无异味，不易褪色 ◎不易打理，需精心保养	◎客厅、餐厅 ◎卧室、书房	100~600 元 /m²
草编墙纸	◎以草、麻、木、竹、藤、纸等材料手工编织制成 ◎透气，静音，无污染，天然质朴 ◎不适合潮湿的环境	◎客厅、餐厅 ◎卧室、书房	50~300 元 /m²
拼缝墙布	◎有纱线、织布、植绒等多种类型，可选择范围广 ◎非常具有表现力，色彩多样，图案多姿多彩 ◎具有吸音、消音、隔音等效果 ◎抗拉扯性好，比墙纸耐磨 ◎科学施工后可具有无接缝、不翘边、不褪色、不发霉、结实耐用等特点	◎客厅、餐厅 ◎玄关、过道 ◎卧室、书房	80~500 元 /m²
无缝墙布	◎根据室内墙面的高度设计，可以按室内墙面的周长整体粘贴的一类墙布 ◎无缝，立体感强，手感好，容易打理 ◎防水、防油、防污、防尘、防静电、透气、防潮	◎客厅、餐厅 ◎玄关、过道 ◎卧室、书房	100~500 元 /m²

（2）墙纸与墙布的选购常识

各类墙纸与墙布的选购方法，可参考下表。

名称	选购要点
PVC 墙纸	◎用鼻子闻有无异味，质量好的 PVC 墙纸没有刺鼻的气味 ◎看表面有无色差、死褶与气泡，对花是否准确，有无重印或者漏印的情况 ◎用笔在表面划一下，再擦干净，看是否留有痕迹 ◎在表面滴几滴水，看是否有渗入现象
无纺布墙纸	◎颜色越均匀、图案越清晰越好 ◎布纹密度越高质量越好 ◎手感柔软细腻则密度较高，坚硬粗糙则密度较低 ◎气味较小，甚至没有任何气味 ◎易燃烧，火焰明亮；擦拭后能够轻易去除脏污痕迹
纯纸墙纸	◎手摸纯纸壁纸需感觉光滑，如果有粗糙的颗粒状物体则并非真正的纯纸壁纸 ◎纯纸壁纸有清新的木浆味，如果存在异味或无气味则并非纯纸 ◎燃烧应无刺鼻气味，残留物均为白色 ◎滴几滴水，看水是否透过纸面。墙纸不因泡水而掉色
木纤维墙纸	◎凑近闻其气味，若散发出淡淡的木香味，则为木纤维，如有异味则绝不是木纤维 ◎燃烧时没有黑烟，泡水后水汽会透过纸面 ◎在木纤维壁纸背面滴上几滴水，水汽透过纸面为优质木纤维壁纸 ◎把一小部分木纤维壁纸泡入水中，用手指刮壁纸表面和背面，应无褪色或泡烂现象
植绒墙纸	◎观察其表面图案，应具有比较明显的立体感 ◎表面图案分部应均匀，没有色差，无任何掉绒、缺绒现象 ◎用手触摸，应有明显的丝绒质感和手感。有些植绒墙纸为 PVC 发泡冒充，触摸没有绒感 ◎用略带湿气的布擦拭表面绒毛，应无任何掉毛、掉色问题
草编墙纸	◎查看编织的纹路是否清晰，表面有无脱落现象 ◎查看所使用的材料是否有污渍、霉点、色斑等缺陷
拼缝墙布	◎靠近墙布用鼻子闻一下，看是否有刺激性气味，有则为次品 ◎看墙布表面是否存在色差、褶皱或气泡，花色图案是否清晰，色彩是否均匀 ◎触摸感受墙布质感是否舒适、柔和，薄厚是否均匀 ◎用干净的湿布擦拭墙布表面，看是否有掉色现象，掉色说明色牢度不够 ◎裁一小块墙布，用水打湿，如果会全部浸湿，则说明防水功能不到位
无缝墙布	◎同拼缝墙布选购要点 ◎如果是有大面积图案的类型，例如花卉、植物等，通常图案清晰度越高越好 ◎看尺寸是否足够，尤其是上下边，都应留有一定余地

7. 油漆及涂料

（1）油漆及涂料的常见种类

家居装修中常用油漆及涂料的种类、特点、适用范围及价格等，如下表所示。

名称	特点	适用范围	参考价格范围
乳胶漆	◎色彩丰富，可以根据自身喜好调整颜色，适用于各种家居风格 ◎漆膜坚硬，耐水、耐擦洗性好，表面平整无光，颜色附着力强 ◎品种多样，功能性较强，可选择范围广 ◎无污染、无毒、无火灾隐患 ◎可以用水稀释，可刷涂也可辊涂、喷涂、抹涂、刮涂等，且干燥迅速 ◎耐碱性好，当涂于呈碱性的新抹灰墙、天棚或混凝土墙面时，不返黏、不易变色	◎顶面 ◎背景墙、墙面	25~80 元 /m²
硅藻泥	◎良好的可塑性，施工涂抹、图案制作可随意造型 ◎可以有效去除空气中的游离甲醛、苯、氨等有害物质以及臭味 ◎可吸收或释放水汽，自动调节室内湿度 ◎不燃烧，即使发生火灾，也不会产生有害烟雾 ◎具有非常好的保温隔热作用 ◎不产生静电，浮尘不易附着	◎顶面 ◎背景墙、墙面	100~300 元 /m²
艺术涂料	◎结合一些特殊的工具和不同的施工技巧，能够制造出各种纹理的图案，艺术感极强 ◎色彩丰富，有层次感和立体感，颜色可任意调配 ◎防尘，阻燃，可洗刷，耐摩擦，色彩历久弥新 ◎正常情况下不起皮、不开裂、不变黄、不褪色，可使用 10 年以上	◎顶面局部 ◎背景墙、墙面	100~500 元 /m²
墙面彩绘	◎手绘操作，极具个性感和艺术感 ◎可根据室内的空间结构就势设计，美化空间 ◎在绘画风格上不受任何限制，图案可随意定制	◎顶面局部 ◎背景墙、墙面	80~300 元 /m²
木器漆	◎可使木质材质表面更加光滑，避免木质材质直接被硬物刮伤或产生划痕 ◎可有效防止水分渗入木材内部造成腐烂，防止阳光直晒木质家具造成干裂	◎木质墙面 ◎家具 ◎地板	40~150 元 /m²
金属漆	◎具有豪华的金属外观，可调制成不同颜色 ◎漆膜坚韧、附着力强，具有极强的抗紫外线、耐腐蚀性能和高丰满度 ◎耐磨性和耐高温性一般	◎金属表面 ◎木材表面 ◎墙面	50~200 元 /m²

（2）油漆及涂料的选购常识

各类油漆及涂料的选购方法，可参考下表。

名称	选购要点
乳胶漆	◎闻到刺激性气味或工业香精味应慎重选择 ◎放一段时间后，正品乳胶漆表面会形成厚厚的、有弹性的氧化膜，不易裂 ◎将漆桶提起来，质量佳的乳胶漆，晃动起来一般听不到声音，很容易晃动出声音则证明乳胶漆黏度不足 ◎用木棍将乳胶漆拌匀，再挑起来，优质乳胶漆往下流时会成扇面形 ◎用湿抹布擦洗不会出现掉粉、露底等褪色现象 ◎根据空间功能选购。例如，卫浴、地下室最好选择耐真菌性较好的产品，而厨房则最好选择耐污渍及耐擦洗性较好的产品
硅藻泥	◎真正的硅藻泥，颜色应柔和，分布均匀，呈现无光泽的状态 ◎使用大型喷壶将水重复喷在墙壁上的相同位置上 20~30 次，真正的硅藻泥没有着色或流动，用手触摸墙面是干燥的 ◎不吸水、吸水率低或吸水后形成泥、渣，颜色发白或出现花色，或喷水后有刺鼻气味，均为假冒硅藻泥 ◎真正的硅藻泥手感细腻，具有松木感，其纹理图案细腻、光滑、大方 ◎用手轻触硅藻泥，如有粉末黏附，表示产品表面强度不够坚固，日后使用会有磨损情况产生 ◎用样品点火测试，若冒出气味呛鼻的白烟，则可能是以合成树脂作为硅藻土的固化剂，非纯天然产品，不建议购买
艺术涂料	◎取少许艺术涂料放入半杯清水中搅动，杯中的水仍清晰见底，涂料颗粒相对独立，颗颗分明，不会混合在一起 ◎储存一段时间，保护胶水溶液呈无色或微黄色，且较清晰 ◎保护胶水溶液的表面通常没有或极少有漂浮物
木器漆	◎溶剂型木器漆国家已有 3C 强制认证规定，因此在市场购买时需关注产品包装上是否有 3C 标志 ◎查看漆桶上面 VOC（挥发性有机化合物）的含量，含量越低，环保性越强 ◎将油漆桶提起来摇晃一下，如果有很明显的响声，说明包装重量不足或黏稠度过低，质量好的漆晃动基本没有声响 ◎触摸感受墙布质感是否舒适、柔和，薄厚是否均匀 ◎看油漆样板的漆面质量，优质的油漆附着力和遮盖力都很强 ◎抗冲击性和耐变黄性是判断木器漆是否优质的两大指标，可以使用小锤使劲砸在涂刷好的样板上，如果漆膜表面出现裂纹或者变形严重，则说明该漆质量不佳 ◎根据部位选择木器漆的类型，例如，木地板需要坚硬耐磨的漆膜，适合选择聚氨酯木器漆；而如果想要凸显木材表面的纹理特色，则更适合选择涂层相对薄一些的硝基漆
金属漆	◎观察涂膜是否丰满光滑，以及是否由无数小的颗粒状或片状金属拼凑起来 ◎靠近漆桶，闻一闻是否有刺鼻的气味，是否感觉刺眼，如有则证明质量不佳

8. 整体橱柜

（1）整体橱柜的常见种类

家居装修中常用整体橱柜的种类、特点及价格等，如下表所示。

名称		特点	参考价格范围
台面	人造石台面	◎ 表面光滑细腻，无孔隙，抗污力强 ◎ 可任意长度无缝粘接 ◎ 易打理，非常耐用，别称"懒人台面" ◎ 划伤后可以磨光修复	270 元 / 延米起
	石英石台面	◎ 硬度很高，耐磨不怕刮划，耐热好 ◎ 经久耐用，不易断裂，抗菌、抗污染性强 ◎ 接缝处较明显	350 元 / 延米起
	不锈钢台面	◎ 抗菌再生能力最强，环保无辐射 ◎ 坚固、易清洗、实用性较强 ◎ 不太适用于管道多的厨房	200 元 / 延米起
	美耐板台面	◎ 可选花色多，仿木纹自然、舒适 ◎ 耐高温、高压、耐刮 ◎ 易清理，可避免刮伤、刮花的问题 ◎ 价格经济实惠，如有损坏可全部换新	200 元 / 延米起
柜面	实木橱柜	◎ 天然环保、坚固耐用 ◎ 有原木质感、纹理自然 ◎ 保养要求较高，干燥地区不适合使用，容易开裂	3000 元 / 延米起
	烤漆橱柜	◎ 色泽鲜艳，易于造型，有很强的视觉冲击力 ◎ 防水性能极佳，抗污能力强，表面光滑，易清洗 ◎ 工艺众多，不同做法效果不同 ◎ 怕磕碰和划痕，一旦出现损坏较难修补	1700 元 / 延米起
	模压板橱柜	◎ 色彩丰富，木纹逼真，单色色度纯艳，不开裂，不变形 ◎ 不需要封边，避免了因封边不好而开胶的问题 ◎ 不能长时间接触或靠近高温物体	1200 元 / 延米起
	水晶橱柜	◎ 颜色鲜艳，表层光亮，且质感透明鲜亮 ◎ 耐磨、耐刮性较差 ◎ 长时间受热易变色	1300 元 / 延米起
	镜面树脂橱柜	◎ 属性与烤漆门板类似，效果时尚、色彩丰富 ◎ 防水性好，不耐磨，容易刮花 ◎ 耐高温性不佳	1500 元 / 延米起

（2）整体橱柜的选购常识

整体橱柜的选购方法，可参考下表。

名称	选购要点
台面	◎质量好的台面清纯不混浊，通透性好，表面无类似塑料胶质感，反面无细小气孔 ◎用手触摸台面感受其手感是否足够细腻，越细腻越不容易有渗透 ◎用指甲划板材表面，应无划痕 ◎厚度也是衡量台面的一个指标，以石英石为例，一般的石英石厚度为15mm，而高端的石英石厚度可达20mm，台面越厚，耐久性越强，越不容易变形、断裂
柜面	◎优质橱柜的封边细腻、光滑、手感好，封线平直光滑，接头精细。手摸厨柜门板和箱体的封边，感受一下是否顺直圆滑，箱体封边侧看是否起伏。向销售人员询问一下封边方式，选择四周全封边的款式 ◎橱柜的组装效果要美观，缝隙要均匀。通常来说，专业大厂生产的门板横平竖直，且间隙均匀；而小厂生产组合的橱柜，门板会出现门缝不平直、间隙不均匀，有大有小，甚至是门板不在一个平面上的问题 ◎橱柜的主要五金为铰链和滑轨，较好的橱柜一般都使用进口的铰链和抽屉滑轨，可以来回开关，感受其顺滑程度和阻尼 ◎保修年限能够从侧面反映出橱柜的质量，通常来说，质量好的橱柜保修期很长，可以多方比较一下，选择保修期长的品牌

9. 卫浴洁具

（1）卫浴洁具的常见种类

家居装修中常用卫浴洁具的种类、特点及价格等，如下表所示。

名称		特点	参考价格范围
洁面盆	台上盆	安装方便，便于在台面上放置物品	150元/个起
	台下盆	◎易清洁 ◎对安装要求较高，台面预留位置尺寸要与盆尺寸相吻合	150元/个起
	立柱盆	◎适合空间不足的卫浴 ◎容易清洗，通风性好	220元/个起
	挂盆	◎节省空间 ◎入墙式排水系统可考虑选择挂盆	180元/个起
	碗盆	◎与台上盆相似 ◎颜色和图案更具艺术性、更个性化	180元/个起

续表

名称		特点	参考价格范围
坐便器	连体式	◎水箱与座体合二为一设计，较为现代高档 ◎安装简单，一体成型，价格相对较贵	400 元 / 个起
	分体式	◎水箱与座体分开设计 ◎占空间较大，连接缝处容易藏污垢，维修简单	200 元 / 个起
浴缸	亚克力浴缸	◎造型丰富，重量轻，表面光洁度好，价格低廉 ◎耐高温能力差，耐压能力差，不耐磨，表面易老化	1200 元 / 个起
	铸铁浴缸	◎重量大，使用时不易产生噪声，便于清洁 ◎价格高，分量沉重，安装与运输难	3000 元 / 个起
	实木浴缸	◎保温性强，无需固定，可随意移动位置 ◎价格较高，不易养护，湿度、温度变化大易开裂	1500 元 / 个起
	钢板浴缸	◎耐磨、耐热、耐压，使用寿命长，整体性价比较高 ◎保温效果低于铸铁缸	2500 元 / 个起
	按摩浴缸	◎可健身治疗、缓解压力 ◎价格昂贵，需经常保养	4000 元 / 个起

（2）卫浴洁具的选购常识

各类卫浴洁具的选购方法，可参考下表。

名称	选购要点
洁面盆	◎在强光下，多角度观察陶瓷洁面盆，釉面无色斑、针孔、砂眼和气泡，且非常光滑 ◎玻璃洁面盆需选择钢化玻璃材质，注意盆与盆架的边缘修边是否圆润，玻璃内是否有气泡 ◎用手在表面轻轻抚摸，手感应非常平整细腻；轻轻敲击陶瓷面盆的表面，如果面盆发出的声音是非常清脆的，说明面盆质量不错 ◎滴几滴有颜色的墨水，等待几分钟，然后用布或纸巾擦去，痕迹越少质量越好
坐便器	◎坐便器越重说明密度越高，质量也就越好，可双手拿起水箱盖，掂其重量进行判断 ◎坐便器釉面应该光洁、顺滑、无起泡，色泽饱和 ◎排污管道口径大且内表面施釉，说明坐便器不容易挂脏，排污迅速有力，能有效预防堵塞
浴缸	◎浴缸的大小要根据浴室的尺寸来确定 ◎单面有裙边的浴缸，购买的时候要注意下水口、墙面的位置 ◎浴缸之上如果要加淋浴喷头，就要选择稍宽一点的浴缸 ◎躺进浴缸内部，感受一下舒适度，选择感觉最舒适的款式

10. 门窗

（1）门窗的常见种类

家居装修中常用门窗的种类、特点及价格等，如下表所示。

名称		特点	参考价格范围
门	实木门	◎纹理自然，变化多样，装饰效果好 ◎不变形，耐腐蚀，隔热保温	2500 元 / 樘起
	实木复合门	◎装饰效果可与实木门媲美，手感光滑，色泽柔和 ◎重量较轻，不易变形、开裂 ◎保温、耐冲击、阻燃，隔声效果同实木门基本相同	1800 元 / 樘起
	模压板门	◎保持了木材天然纹理的装饰效果，同时也可进行面板拼花，同时还具有防潮、抗变形的特性 ◎隔音效果相对实木门要差，且不能湿水和磕碰	1200 元 / 樘起
	玻璃推拉门	◎横向开合，不占立面空间，可节约空间面积 ◎能够灵活地分隔空间，增加空间的使用弹性	180 元 /m² 起
窗	塑钢窗	◎良好的气密性、水密性、抗风压性、隔声性、防火性 ◎尺寸精度高，不变形，容易保养	120~400 元 /m²
	断桥铝窗	将铝、塑两种窗的优点集于一身，去除了它们各自的缺点，具有绝佳的保温性、隔音性和密封性，能大幅节约采暖费和空调电费	400~1000 元 /m²
	百叶窗	◎作用类似于百叶帘，材质种类较多 ◎带有可以调节方向的窗栅片，可通过调节其方向选择光线进入的角度，且在采光的同时，能阻挡外界视线	200~1000 元 /m²

（2）卫浴洁具的选购常识

各类门窗的选购方法，可参考下表。

名称		选购要点
门	实木门及实木复合门	◎木质门的含水率通常应低于 10%，含水率过高容易变形、开裂 ◎外观要求漆膜饱满，色泽均匀，木纹清晰 ◎表面没有缺损、伤疤、虫眼等明显瑕疵 ◎做工应精细，手感光滑，无毛刺 ◎装饰面板和实木线条与门框应黏结牢固，无翘边和裂缝

续表

	名称	选购要点
门	模压板门	◎贴面板与框连接应牢固，无翘边和裂缝 ◎面板平整、洁净，厚度不低于 3mm ◎闻一下门有无刺鼻异味，异味越重说明甲醛含量越高
	玻璃推拉门	◎推拉门最重要的是轨道和滑轮的选择，基本要求是推拉时感应灵活 ◎注意玻璃的厚度，通常来说 5mm 厚的玻璃最佳，太薄太厚都不合适
窗	塑钢窗	◎材料壁厚应大于 2.5mm，表面应光洁，颜色为象牙白或白中泛青 ◎看各种型材之间的配合间隙是否紧密，配合处切口是否平齐，型材搭接处有无高低差 ◎五金件应厚实且表面光泽度要好，保护层致密，没有划伤，开启灵活
	断桥铝窗	◎相对而言，型材的厚度越高越不容易变形，型号的数值越大，厚度越高 ◎外观要求表面色泽一致，无凹陷、鼓出等明显缺陷，同时要求密封性能要好，推拉时感觉平滑自如 ◎内部应选择壁厚为 2.5mm、宽度不小于 40mm 的型材
	百叶窗	◎先触摸百叶窗棂片是否平滑平均，是否起毛边，是否存在掉色、脱色或明显的色差，若质感较好，它的使用寿命也会较长 ◎查看叶片的平整度与均匀度，看各个叶片之间的缝隙是否一致

11. 电料及五金

（1）电料及五金的常见种类

家居装修中常用电料及五金的种类、特点及价格等，如下表所示。

	名称	特点	参考价格范围
开关	翘板开关	◎通过上下按动控制灯具，有单控和双控两大类 ◎最为常见的一种开关，适合所有房间和家庭	15 元 / 个起
	触摸开关	◎触摸开关是应用触摸感应芯片原理设计的一种墙壁开关，可以通过人体触摸来实现灯具或设备的开、关 ◎使用便捷，无需按动，但安装比翘板开关略麻烦	25 元 / 个起
	调光开关	◎调光开关可以通过旋转的按钮，控制灯具的明亮程度及开、关灯具 ◎适合客厅、卧室等对灯具亮度有不同需求的空间	20 元 / 个起

名称		特点	参考价格范围
开关	延时开关	◎通过触摸或拨动开关，能够延长电器设备的关闭时间 ◎很适合用来控制卫浴间的排风扇，当人离开时，让风扇继续排除潮气一段时间，完成工作后会自动关闭	15元/个起
	定时开关	◎设定关闭时间后，由开关所控制的设备会在到达该时间的时候自动关闭	25元/个起
	红外线感应开关	◎内置红外线感应器，当人进入开关控制范围时，会自动连通负载开启灯具或设备，离开后会自动关闭 ◎很适合装在阳台内	20元/个起
插座	三孔插座	◎面板上有三个孔，额定电流分为10A和16A两种，10A用于电器和挂机空调，16A用于2.5P以下的柜机空调 ◎还有带防溅水盖的三孔插座，用在厨房和卫生间中	15元/个起
	四孔插座	◎面板上有四个孔，分为普通四孔插座和25A三相四级插座两种，后者用于功率大于3P的空调	15元/个起
	五孔插座	◎面板上有五个孔，可以同时插一个三头和一个双头插头，分为正常布局和错位布局两类	15元/个起
	多功能五孔插座	◎一种是单独五个孔，可以插国外的三头插头 ◎另外一种是带有USB接口的面板，除可插国外电器外，还能同时进行USB接口的充电，例如手机、平板电脑等	20元/个起
	带开关插座	◎插座的电源可以经由开关控制，所控制的电器不需要插、拔插头，只需要打开或关闭开关即可供电和断电 ◎适合洗衣机、热水器、内置烤箱等电器	15元/个起
	地面插座	◎安装在地面上的插座，既有强电插座又有弱电插座 ◎能够将开关面板隐藏起来与地面高度平齐，通过按压的方式即可弹开使用	25元/个起
	单信息插座	◎包括电视插座、电话插座、网络插座等 ◎用来连接相应的设备	25元/个起
	双信息插座	◎可以同时插两个信息信号线，可以是两个网线插口，也可以是电话、电脑双信息插座或者电视、电脑双信息插座	25元/个起

续表

名称		特点	参考价格范围
五金锁具	球形门锁	◎门锁的把手为球形，样式较少，装饰效果不强 ◎制作工艺相对简单，造价低 ◎适合室内门	20元/个起
	三杆式执手锁	◎门锁的把手为门把手，样式比球形锁多，比较美观 ◎制作工艺相对简单，造价低 ◎适合室内门	35元/个起
	插芯执手锁	◎品相多样，样式美观，可选择范围广 ◎产品安全性较好 ◎适合室内门和入户门	50元/个起
	玻璃门锁	◎表面处理多为拉丝或者镜面 ◎美感大方，具有时尚感 ◎适合室内玻璃门	30元/个起

（2）电料及五金的选购常识

各类电料及五金的选购方法，可参考下表。

名称	选购要点
开关、插座	◎品质好的开关大多使用防弹胶等高级材料制成，防火性能、防潮性能、防撞击性能等都较高，表面光滑 ◎好的开关插座的面板要求无气泡、无划痕、无污迹 ◎开关拨动的手感轻巧而不紧涩，插座的插孔需装有保护门，插头插拔应需要一定的力度并单脚无法插入 ◎可掂量一下单个开关插座，如果是合金的或者薄的铜片，手感较轻，品质就很难保证 ◎面板材质有ABS材料、PC材料和电玉粉三种，品质依次递增 ◎注意有无国家强制性产品认证（3C）、额定电流电压值、产品生产型号、日期等 ◎开关插座直接与电线接触，阻燃性能就显得很重要，可以通过火烧来测试，达到标准的开关离火后会自动熄灭
门锁	◎选择锁具时，要注意选择与自家门开启方向一致的锁，同时要注意门的厚度与锁具是否匹配 ◎门锁表面分为电镀、喷漆和着色三种，质量好的锁多采用电镀处理，从45°看门锁表面，镀层应细腻润滑，电镀均匀，无气泡、颗粒，无生锈氧化现象 ◎将钥匙插入锁芯开启门锁，看是否畅顺、灵活 ◎试一试门锁簧的韧度，好的弹簧带来的手感是十分柔和的，开关的时候感觉良好 ◎掂一下锁具的重量，通常来说，重量越重说明锁具的质量越高

第五章

各工程的施工流程
及监工重点

扫码下载模板
14 种施工的工程检查表
及预算

施工质量是家居装修最为基本的要求，也是最为重要的方面。高质量的装修不仅能够延长房屋的使用寿命，而且能够避免在后期居住生活中出现各种麻烦。因此，了解各工程的施工流程及监工重点是非常必要的。本章精简的内容可以以最快的速度让非行业从业人员掌握与家居装修施工有关的知识，避免因为不懂施工知识而忽略施工过程中存在的隐患，为日后的生活带来不便。

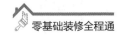

一、改造工程

1. 拆除工程

家居拆除工程包含的项目及注意事项如下表所示。

名称		单位	注意事项
墙体拆除	钢筋混凝土墙	m²	◎严禁拆除承重墙 ◎严禁拆除连接阳台的配重墙体 ◎墙体拆除时要严格按照施工图纸拆除
	砖墙	m²	
	轻体墙	m²	
顶面拆除	轻钢龙骨吊顶	m²	◎严禁拆除顶面横梁 ◎不保留原吊顶装饰结构 ◎原有的吊顶内电路管线尽量拆除 ◎避免损坏管线、通风道和烟道 ◎对现场拆除的龙骨不得再用
	木结构吊顶	m²	
清理墙面	墙、顶面壁纸	m²	◎铲除非水性的漆面 ◎对旧基底进行处理
	墙面油漆、喷涂	m²	
卫生洁具	蹲便	个	◎对拆后的上下水进行保护，以防堵塞 ◎尽可能不破坏可用的洁具
	浴缸	个	
原墙、地面砖铲除		m²	◎不能损害墙体和地面
水泥、木制踢脚线铲除		m²	◎检查墙面，局部人工凿除，排除安全隐患 ◎装饰面务必铲除干净
护墙板拆除		m²	◎检查墙面，局部人工凿除，排除安全隐患 ◎装饰面务必铲除干净
原门拆除		樘	◎避免对墙体结构造成破坏 ◎清理修复门洞口
原窗拆除		樘	◎避免对墙体结构造成破坏 ◎清理修复窗洞口

2. 基础改造工程

家居基础改造工程包含的项目及注意事项如下表所示。

名称		单位	注意事项
地面找平		m²	◎找平后的地面要水平、平整 ◎每平方米之内落差不超过 3mm
地面做防水		m²	◎要做闭水试验
砌墙		m²	◎新老墙交接处砌墙须打"拉结筋"，使其连接更紧 ◎新墙与剪力墙的结合部位应有钢筋连接 ◎新老墙的结合处应挂网粉饰
地面加高	轻体砖	m²	◎阳台找平时与屋内地面水平 ◎轻体砖的间隙应留 2~3cm 缝隙
	混凝土	m²	
暖气及立管	油暖气立管	根	◎采用专用金属漆，成品后颜色一致 ◎暖气阀门处需留检修口
	油暖气	组	
	包暖气立管	m	
水管	包水管	m	◎冷、热水上水管口高度一致 ◎采用专用金属漆，成品后颜色一致
	油水管	m	

● 闭水试验

在家居中的卫生间装修完之后，业主应通知楼下的邻居自己要做闭水试验。将门槛用防水材料拦住，然后放水深 20~30mm，静止 24h 后，到楼下询问是否漏水，然后再检查墙壁有没有漏水。如果都没有漏水，就说明卫生间装修防水没有问题。有些业主更愿意在 48 h 之后再检查，那自然更为保险一些。

● 剪力墙

剪力墙又称抗风墙、抗震墙或结构墙。房屋或构筑物中主要承受风荷载或地震作用引起的水平荷载和竖向荷载（重力）的墙体，防止结构剪切（受剪）破坏。

3. 水路改造工程

（1）水路改造工程施工前的准备工作

①确认已收房验收完毕。

②到物业办理装修手续。

③在空房内模拟今后日常生活状态，与施工方确定基本装修方案。

④确定墙体是否有变动，家具和电器摆放的位置。

⑤确认楼上住户卫浴已做过闭水实验。

⑥确定橱柜安装方案中清洗池上下出水口位置。

⑦确定卫浴面盆、坐便器、淋浴区（包括花洒）、洗衣机位置及规格。

（2）水路改造工程施工材料的准备

水路改造工程可分为给水和排水两个部分，它们对所用材料各有不同的要求。给水管中的水要食用，要求安全、卫生、节能、环保、耐腐蚀；排水管要求排水要通畅，阻力小、耐压、耐腐蚀。家用给水管最常用的材料有 PP-R 管、PE 管和铜管，排水管主要为 PVC 管。家居装修水管常见材质、特点及适用范围如下表所示。

名称		特点	适用范围
给水管	PP-R 管	◎主要原料为聚丙烯 ◎节能节材、环保、轻质、强度高、耐腐蚀 ◎内壁光滑不结垢，施工和维修简便，使用寿命长 ◎价格适中	◎工薪家庭、普通住宅 ◎原水管为 PP-R 管
	PE 管	◎主要原料为聚乙烯 ◎强度高、耐腐蚀、无毒、不生锈、使用寿命较长 ◎具有独特的柔韧性和优良的耐刮痕的能力 ◎价格适中	◎工薪家庭、普通住宅 ◎原水管为 PE 管
	铜管	◎主要原料为铜 ◎耐腐蚀、消菌，热传导性好，使用寿命长，是水管中的优等品 ◎价格高昂	◎高级住宅 ◎别墅装修 ◎原水管为铜管
PVC 排水管		◎原料为卫生级聚氯乙烯 ◎管材表面硬度和抗拉强度优，管道安全系数高 ◎抗老化性好，正常使用寿命可达 50 年以上 ◎对无机酸、碱、盐类的耐腐蚀性能优良 ◎摩阻系数小，水流顺畅，不易堵塞 ◎管材、管件连接可采用粘接，施工方法简单，操作方便，安装工效高	◎工薪家庭、普通住宅 ◎高级住宅 ◎别墅装修 ◎原水管为铜管

（3）水路改造工程施工工艺流程

水路改造工程的施工工艺流程如下所示。

01 定位、画线
根据设计图纸在墙面或地面画出水管管线的准确位置

02 开槽
用开槽机和电锤组合，凿开穿管所需的孔洞和暗槽

03 下料
根据设计图纸为 PP-R 给水管和 PVC 排水管量尺下料

06 安装
通过热熔、胶接等方式将水管正式连接起来

05 检查
检查调整管线的位置、接口、配件等是否安装正确

04 预埋、预装
管路支托架安装和预埋件的预埋；组织各种配件预装

07 调试
进行压力测试，发现漏水立刻修补，而后再次进行压力测试直至合格

08 封槽、二次防水
将墙、地面上的槽线与孔洞用水泥砂浆修补整齐，与墙地面一致；厨卫需重做一次防水

09 备案
完成水路布线图或拍摄现场照片进行备案，以便日后维修使用

（4）水路改造工程施工监工重点

①定位：在水路改造动工前，首先对自家用水的设备要做到心中有数，包括款式、安装位置、安装方式以及是否需要热水等。根据这些定位图纸上每个出水口的位置和水管走向。

②开槽：有的承重墙内的钢筋较多、较粗，不能把钢筋切断，以免影响房体结构安全，只能开浅槽，走明管，或绕走其他墙面。所开槽线应横平竖直，边缘平直、整齐。

③调试：通过打压试验检验管道是否有漏水现象，如没有出现任何漏水问题，水路施工才能算完成。

④备案：在水路改造工程完成后，需让设计师提供完成的水路布线图，或者同时对封槽后的现场拍照，进行备案。这样做有两点好处，一是可以避免后期装修时对管线造成伤害，二是便于日后维修。

打压试验

水管打压试验是判断水管管路连接是否合格的常用方法。具体过程为：用软管连接冷热水管，安装好打压器，将管内的空气放掉，关闭水表及外部闸阀开始进行打压。测试压力要大于平时水管运输水时压力的 1.5 倍，不能小于 0.6MPa。观测 10min，压力表上压力下降不能大于 0.02MPa，然后降低到平时管压进行检查，1h 内压力下降不应超过 0.05MPa，而后在平时管压的 1.15 倍下观察 2h，压力下降不应超过 0.03MPa，符合标准即为合格。

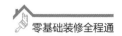

4. 电路改造工程

（1）电路改造工程施工前的设计布置

①弱电宜采用屏蔽线缆，二次装修线路布置也需重新开槽布线。

②电路走线设计把握"两端间最短距离走线"原则，不故意绕线。

③电路设计需要把电路改造设计方案与实际电路系统相匹配。

④厨房电路设计需要配合橱柜设计图纸，加上安全性评估方案。

⑤电路设计要掌握厨卫及其他功能间的家具、电器设备尺寸及特点。

● 弱电

弱电：相对于强电而言的词语，一般指直流电路或音频、视频线路，网络线路，电话线路。直流电压一般在36V以内。

强电：指电工领域的电力。特点是功率大、电流大、频率低，主要考虑损耗小、效率高的问题。和弱电的关系很密切，与"弱电"相对。

（2）电路改造工程施工材料的准备

家居装修电路改造工程常见材料类型及注意事项如下表所示。

名称	注意事项
电线	◎选用有 3C 标志的"国标"塑料或橡胶绝缘保护层的单股铜芯电线 ◎照明用线选用 1.5mm²（线材槽截面积） ◎插座用线选用 2.5mm² ◎空调用线不得小于 4mm² ◎接地线选用绿黄双色线 ◎接开关线（火线）可以用红、白、黑、紫等任何一种
穿线管	◎严禁将导线直接埋入抹灰层 ◎导线在线管中严禁有接头 ◎使用管壁厚度为 1.2mm 的电线管 ◎管中电线的总截面积不能超过塑料管内截面积的 40%
开关、插座暗盒	◎暗盒款式的选择取决于开关插座的类型，开关插座通过螺钉安装固定在暗盒上，如果开关插座的螺钉孔和暗盒的螺钉孔对不上，开关插座就无法安装。例如喜欢 86 型的开关插座，就选购 86 型的暗盒
电箱	◎家居空间必须安装强电箱，不仅有助于控制电路，还可以保证用电安全 ◎弱电箱可以根据需要决定是否安装，安装弱电箱需选择适合的位置
断路器	◎家庭一般用二极（2P）空气开关做总电源保护，用单极（1P）做分支保护 ◎用水空间的电路分支，必须安装带有漏电保护器的断路器

（3）电路改造工程施工工艺流程

电路改造工程的施工工艺流程如下所示。

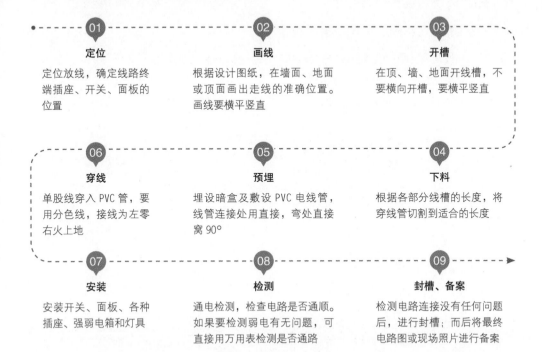

（4）电路改造工程施工监工重点

①开槽：开槽深度应一致，一般为 PVC 管直径 +10mm。

②预埋：暗线敷设必须配阻燃 PVC 管，插座用 SG20 管，照明用 SG16 管。当管线长度超过 15m 或有两个直角弯时，应增设拉线盒。PVC 管应用管卡固定。

③穿线：PVC 管安装好后，统一穿电线，同一回路电线应穿入同一根管内，但管内总根数不应超过 8 根，电线总截面积（包括绝缘外皮）不应超过管内截面积的 40%。接线为左零、右火、上地。强、弱电不能穿在一根线管中，因为强电会削弱弱电信号。

④检测：电线连接完毕后，必须进行检测。打开配电箱，分别关闭不同支路，测试其是否能够控制电路。开合开关，检测电路是否通顺；用相线仪检测插座，看是否通电；用万用表检测弱电，看是否为通路。

👷 **TIPS**

强电箱安装须知

●除有特殊要求外，空开应垂直安装，倾斜角度不能超过 ±5°。

●空开接线应按照配电箱说明严格进行，不允许倒进线，否则会影响保护功能，导致短路。

二、瓦工工程

1. 墙面抹灰工程

（1）墙面抹灰工程施工应具备的作业条件

①门窗框及需要预埋的管线已经安装完毕，并经检验已经合格。

②混凝土墙表面凸出的部分已经凿平。

③混凝土墙表面的蜂窝、麻面、露筋、疏松等部分已凿到实处，并用 1 : 2.5 的水泥砂浆分层补平。

④混凝土墙表面外露钢筋头和铅丝已经清除干净。

⑤对于砖墙，应在抹灰前一天充分用水浇透。

⑥陶粒混凝土砌块墙，应提前两天充分用水浇透，且每天操作两遍以上。

⑦抹灰层表面的油渍、灰尘、污垢已经充分清理干净。

（2）墙面抹灰工程材料的准备

墙面抹灰工程常用材料类型如下表所示。

材料		内容
主材	水泥	◎宜采用普通水泥或硅酸盐水泥，也可采用矿渣水泥、火山灰水泥、粉煤灰水泥及复合水泥 ◎水泥强度等级宜采用 32.5 级以上，颜色一致、同一批号、同一品种、同一强度等级、同一厂家生产的产品
	砂	◎宜采用中砂 ◎使用前需过筛
其他材料		磨细石灰粉、石灰膏、纸筋、麻刀（或合成纤维）、水
主要工具		麻刀机、砂浆搅拌机、纸筋灰拌和机、窄手推车、铁锹、筛子、水桶、灰槽、灰勺、挂杆、靠尺板、线坠、钢卷尺、方尺、托灰板、铁抹子、木抹子、塑料抹子、八字靠尺、方口尺、阴阳角抹子、长舌铁抹子、金属水平尺、软水管、长毛刷、鸡腿刷、钢丝刷、扫帚、喷壶、钻子、粉线袋、铁锤、钳子、钉子、托线板等

（3）墙面抹灰工程施工工艺流程

墙面抹灰工程的施工工艺流程如下所示。

基层处理

如果墙面表面比较光滑，应对其表面进行毛化处理。可将其光滑的表面用刀尖剔毛，剔除光面，使其表面粗糙不平，呈麻点状，然后浇水使墙面湿润

吊垂直、贴饼

根据图纸要求的抹灰质量以及基层表面垂直情况，用一面墙做基准，在门口、墙角、墙垛处吊垂直，确定抹灰厚度，操作时先抹上灰饼，再抹下灰饼，然后用靠尺找好垂直与平整

抹底灰、中层灰

根据抹灰的基体不同，抹底灰前可先刷一道胶黏性水泥砂浆，然后抹 1：3 水泥砂浆，且每层厚度以控制在 5~7mm 为宜。每层抹灰必须保持一定的时间间隔，以免墙面收缩而影响质量

养护

养护水泥砂浆抹灰层，常温下应在 24h 后喷水养护

抹罩面灰

观察底层砂浆的干硬程度，在底灰七八成干时抹罩面灰；如果底层灰已经干透，则需要用水先湿润，再薄薄地刮一层素水泥浆，使其与底灰粘牢，然后抹罩面灰；在抹罩面灰之前应注意检查底层砂浆有无空、裂现象，如有，应剔凿返修后再抹罩面灰

（4）墙面抹灰工程监工重点

①基层处理：砖砌体应清除表面附着物、尘土，抹灰前洒水湿润；混凝土砌体表面应凿毛或在表面洒水，润湿后涂刷掺加适当胶黏剂的 1：1 水泥砂浆；加气混凝土砌体则应在润湿后刷界面剂，边刷边抹强度不大于 M5 的水泥混合砂浆。

②抹底灰、中层灰：抹灰层与基层及各抹灰层之间粘接必须牢固；用水泥砂浆或混合砂浆抹灰时应待前一层抹灰层凝结后，方可抹第二层。用石灰砂浆抹灰时，应待前一层达到七八成干后再抹下一层。底层抹灰层的强度不得低于面层的抹灰层强度。

③罩面抹灰：不同材料基本交接处的表面抹灰时，应采取防开裂的措施，如贴胶带或加细金属网等。洞口阳角应用 1：2 水泥砂浆做暗护角，其高度不应低于 2m，每侧宽度不应小于 50mm。

④养护：水泥砂浆抹灰层应在抹灰 24h 后进行养护。抹灰层在凝固前，应防止振动、撞击、水冲、水分急剧蒸发。冬季施工时，抹灰作业面的温度不宜低于 5℃，抹灰层初凝前不得受冻。

2.墙砖铺贴工程

（1）墙砖铺贴工程施工应具备的作业条件

①墙面基层清理干净。

②窗台、窗套等事先砌堵好。

③面砖按尺寸、颜色进行选砖，并分类存放备用。

（2）墙砖施工材料的准备

墙面砖施工常用材料类型如下表所示。

材料	内容
主材	釉面砖、通体砖、抛光砖、玻化砖、马赛克、水泥等
主要工具	孔径5mm筛子、窗纱筛子、水桶、木抹子、铁抹子、中杠、靠尺、方尺、铁制水平尺、灰槽、灰勺、毛刷、钢丝刷、笤帚、锤子、小白线、擦布或棉丝、钢片开刀、小灰铲、石云机、勾缝溜子、线坠、盒尺等

（3）墙砖铺贴工程施工工艺流程

墙砖铺贴工程施工工艺流程如下所示。

 01 预排

同一墙面的横竖排列，不得有一行以上的非整砖。非整砖应排在次要部位或阴角处

 02 弹线

根据室内标准水平线，找出地面标高，按贴砖的面积计算纵横的皮数，用水平尺找平，并弹出墙砖的水平和垂直控制线

 03 做标记

镶贴前在墙上粘废砖作为标志块，上下用托线板挂直作为粘贴厚度的依据，横镶每隔1.5m左右做一个标志块，用拉线或靠尺校正平整度

 06 勾缝、擦洗

墙面砖用白色水泥浆擦缝，并用布将缝内的素浆擦均匀。勾缝后用抹布将砖面擦干净

 05 镶贴

墙砖镶贴时以所做标记或拉线为平整度基准，粘贴后应紧贴墙面。铺完整行砖后，要用长靠尺横向校正一次。当贴到最上一行时，要求上口成一直线

 04 泡砖和湿润墙面

墙砖粘贴前应放入清水中浸泡充足，然后取出晾干，用手按砖背无水迹时方可粘贴。砖墙要提前1天湿润，混凝土墙提前3~4天湿润

（4）墙砖铺贴工程施工监工重点

①预排：贴前应选好基准点，进行放线定位和排砖，非整砖应排放在次要部位或阴角处。每面墙不宜有两列非整砖，非整砖宽度不宜小于整砖的 1/3。

②泡砖：墙面砖铺贴前应浸水 0.5~2 h，以砖体不冒泡为准，取出晾干待用。

③镶贴：铺贴墙砖的水泥应使用 42.5 级水泥，结合砂浆宜采用 1：2 水泥砂浆，砂浆厚度宜为 6~10mm；木作隔墙贴墙砖，应先在木作基层上挂钢丝网，做抹灰基层后再贴墙砖。墙砖粘贴时，严禁使用硬物工具敲击瓷砖表面，只能用木槌或橡胶锤。墙砖镶贴过程中，砖缝之间的砂浆必须饱满，严禁空鼓。边铺贴边检查平整度，用 1m 靠尺检查，误差 ≤ 1mm，2m 靠尺检查，平整度 ≤ 2mm，相邻间缝隙宽度 ≤ 2mm，平直度 ≤ 3mm，接缝高低差 ≤ 1mm。

④勾缝：墙砖铺贴完后 1 h 内必须用干勾缝剂（或白水泥）勾缝，清洁干净。交工验收前清缝一次，清洁干净。

3. 地砖铺贴工程

（1）地砖铺贴工程施工应具备的作业条件

①内墙 +50cm 水平标高线已弹好，并校核无误。

②墙面抹灰、屋面防水和门框已安装完。

③地面垫层及预埋在地面内各种管线已做完。

④穿过楼面的竖管已安完，管洞已堵塞密实。

⑤有地漏的房间应找好泛水。

（2）地砖铺贴工程施工材料的准备

地砖铺贴工程施工常用材料类型如下表所示。

材料	内容
主材	水泥、砂、瓷砖、草酸、火碱、108 胶
主要工具	水桶、平锹、铁抹子、錾子、大杠、筛子、窗纱筛子、锤子、橡皮锤子、方尺、云石机

● 泛水

建筑上的一种防水工艺，通俗说是在所有需要防水处理的平立面相交处进行的防水处理，即用防水材料把墙角包住。

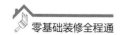

（3）地砖铺贴工程施工工艺流程

地砖铺贴工程施工工艺流程如下所示。

01 基层处理

凿毛地面，把基层上的浮浆、落地灰等用錾子或钢丝刷清理掉，再用扫帚将浮土清扫干净

02 找标高、泡砖

根据水平标准线和设计厚度，在四周墙、柱上弹出面层的水平标高控制线。根据使用说明，需要泡水的地砖应充分泡水

03 弹线、排砖

弹出基准线；依照砖的尺寸、留缝大小以及设计要求，排出砖的位置，并在基层地面弹出十字控制线和分格线

06 嵌缝、养护

完工2天后，清理缝口刷水湿润，用水泥浆嵌缝。砂浆凝结后，覆盖浇水养护不少于7昼夜

05 铺砖

先在房间中间按照十字线铺设十字控制砖，之后按照十字控制砖向四周铺设，并随时用2m靠尺和水平尺检查平整度

04 铺设结合层砂浆

铺设前应将基底湿润，并在基底上刷一道素水泥浆或界面结合剂，随刷随铺设搅拌均匀的干硬性水泥砂浆

（4）地砖铺贴工程施工监工重点

①基层处理：为了让铺贴层与基层结合得更加牢固，混凝土地面应将基层凿毛，凿毛深度5~10mm，凿毛痕的间距为30mm左右。而后清净浮灰、砂浆、油渍，将地面散水刷扫。或者也可以用掺108胶的水泥砂浆拉毛。

②排砖：铺贴前应弹好线，在地面弹出与门道口成直角的基准线。弹线应从门口开始，以保证进口处为整砖。非整砖置于阴角或家具下面，弹线应弹出纵横定位控制线。

③铺砖：铺贴时，水泥砂浆应饱满地抹在陶瓷地面砖背面，铺贴后用橡皮锤敲实。同时，用水平尺检查校正，擦净表面水泥砂浆。

4. 石材地面铺贴工程

（1）石材地面铺贴工程施工应具备的作业条件

①石材进场后，应侧立堆放于室内，底部应加垫木块，并详细核对品种、规格、数量、质量等是否符合设计要求。

②需要切割钻孔的板材，在安装前加工好，石材需安排在场外加工。

③室内抹灰、水电设备管线等均已完成。有防水要求的部位，防水工程已完成并经验收合格。

④冬季施工温度不能低于5℃。

⑤房间四周墙上弹好+0.5m水平控制线。

（2）石材地面铺贴工程施工材料的准备

石材地面铺贴工程施工常用材料类型如下表所示。

材料	内容
主材	大理石或花岗岩、水泥（强度等级为 32.5 的普通硅酸盐水泥或矿渣硅酸盐水泥）、砂（中砂或粗砂）、石材表面防护剂、石材专用黏结剂
主要工具	水桶、平锹、铁抹子、大杠、筛子、窗纱筛子、锤子、橡皮锤子、方尺、云石机

（3）石材地面铺贴工程施工工艺流程

石材地面铺贴工程施工工艺流程如下所示。

基层处理

将地面垫层上的杂物清净，用钢丝刷刷掉粘接在垫层上的砂浆，并清扫干净，而后扫素水泥浆一遍

弹线

在房间的主要部位弹出互相垂直的控制十字线，用建筑线拉出完成面控制线

试拼、试排

对石材板块按标号进行试拼；在房内的两个相互垂直的方向，铺两条宽度大于石板、厚度不小于 3cm 的干砂，根据图纸要求把石材板块排好，以检查缝隙并核对位置

灌缝、打蜡

铺砌后 1~2 昼夜进行灌浆擦缝，灌浆 1~2h 后，用棉纱团蘸原稀水泥浆擦缝。水泥砂浆结合层达到强度后，进行打蜡

铺石材

在干硬性水泥砂浆上先试铺，合适后浇一层水灰比 0.5 的素水泥浆，而后开始正式铺贴。铺贴时一边铺贴一边根据水平线用水平尺找平，铺完第一块向两侧和后退方向顺序镶铺

铺砂浆

根据水平线，定出地面找平层厚度做灰饼定位，拉十字线，铺找平层水泥砂浆，找平层一般采用 1：3 的干硬性水泥砂浆，干硬程度以手捏成团不松散为宜

（4）石材地面铺贴工程施工监工重点

①基层处理：基层处理要干净，高低不平处要先凿平和修补，基层应清洁，不能有砂浆，尤其是白灰砂浆灰、油渍等，并用水湿润地面。

②铺石材：铺装石材时必须安放标准块，标准块应安放在十字线交点，对角安装。铺装操作时要每行依次挂线，石材必须浸水湿润，阴干后擦净背面，以免影响其凝结硬化，或发生空鼓、起壳等问题。

三、木工工程

1. 吊顶工程

（1）轻钢龙骨石膏板吊顶工程

轻钢龙骨石膏板吊顶工程施工应具备的作业条件

①结构施工时，应在现浇混凝土楼板或预制混凝土楼板缝中，按设计要求间距预埋 $\phi 6 \sim \phi 10$ 钢筋吊杆，一般间距为 900~1200mm。

②吊顶房间墙柱为砖砌体时，在吊顶标高位置预埋防腐木砖。

③安装完顶面各种管线及通风道，确定好灯位、通风口及各种露明孔口位置。

④吊顶罩面板安装前应做完墙面和地湿作业工程项目。

⑤对吊顶的起拱度、灯槽、通风口的构造处理，分块及固定方法等，应经试装并鉴定认可后方可大面积施工。

轻钢龙骨石膏板吊顶工程施工材料的准备

轻钢龙骨石膏板吊顶施工常用材料类型如下表所示。

材料	内容
主材	轻钢龙骨（大、中、小）
其他材料	吊杆、花篮螺钉、射钉、自攻螺钉等
主要工具	电锯、无齿锯、射钉枪、手锯、手刨子、钳子、螺丝刀、扳子、方尺、钢尺、钢水平尺等

轻钢龙骨石膏板吊顶工程施工工艺流程

轻钢龙骨石膏板吊顶工程施工工艺流程如下所示。

01 弹线
根据楼层标高线，沿墙、柱四周弹顶棚标高

02 安装大龙骨吊杆
按大龙骨位置及吊挂间距，将吊杆与楼板预埋钢筋连接固定

03 安装大龙骨
将组装吊挂件的大龙骨穿入相应的吊杆螺母，拧好螺母

06 刷防锈漆、装石膏板
未做防锈处理处刷防锈漆；安装石膏罩面板

05 安装小龙骨
将小龙骨通过吊挂件，吊挂在中龙骨上

04 安装中龙骨
将中龙骨通过吊挂件，吊挂在大龙骨上

轻钢龙骨石膏板吊顶工程施工监工重点

①弹线：依据设计标高，沿墙面四周弹线，作为顶棚安装的标准线，其水平允许偏差±5mm。

②安装大龙骨：在大龙骨上预先安装好吊挂件，组装吊挂件的大龙骨；按分档线位置使吊挂件穿入相应的吊杆螺母，拧好螺母；装好连接件，拉线调整标高起拱和平直；安装洞口附加大龙骨，按照图纸相应节点构造设置连接卡；固定边龙骨，采用射钉固定，设计无要求时射钉间距为1000mm。

③安装中龙骨：按已弹好的中龙骨分档线，卡放中龙骨吊挂件；需多根延续接长时，用中龙骨连接件，在吊挂中龙骨的同时相连，调直固定；按设计规定的中龙骨间距，将中龙骨通过吊挂件，吊挂在大龙骨上，设计无要求时，一般间距为500~600mm。

④安装小龙骨：按已弹好的小龙骨线分档线，卡装小龙骨吊挂件；按设计规定的小龙骨间距，将小龙骨通过吊挂件，吊挂在中龙骨上，设计无要求时，一般间距为500~600mm；小龙骨在安装罩面板时，每装一块罩面板前后各装一根卡档小龙骨。

⑤轻钢骨架罩面板顶棚，焊接处未做防锈处理的表面（如预埋、吊挂件、连接件、钉固附件等），封面板前需刷防锈漆。

（2）木龙骨罩面板吊顶工程

木龙骨罩面板吊顶工程施工应具备的作业条件

①顶面各种管线及通风管道均安装完毕并办理验收手续。

②直接接触结构的木龙骨应预先刷防腐漆。

③吊顶房间需完成墙面及地面的湿作业和台面防水等工程。

④搭好吊顶施工操作平台架。

木龙骨罩面板吊顶工程施工材料的准备

木龙骨罩面板吊顶施工常用材料类型如下表所示。

材料	内容
主材	木龙骨、罩面板材及压条
其他材料	圆钉、ϕ6或ϕ8螺栓、射钉、膨胀螺栓、胶黏剂、木材防腐剂、8号镀锌铁丝等
主要工具	◎器械：小电锯、小台刨、手电钻 ◎手动工具：木刨、线刨、锯、斧、锤、螺丝刀、摇钻等

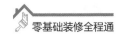

木龙骨罩面板吊顶工程施工工艺流程

木龙骨罩面板吊顶施工工艺流程如下所示。

 处理龙骨、弹水平线
将龙骨进行处理。根据楼层标高水平线，沿墙四周弹顶棚标高水平线

 划龙骨分档线
在四周的标高线上划好龙骨的分档位置线

 安装水电管线设施
进行吊顶内水、电设备管线安装，较重吊物不得吊于吊顶龙骨上

 防腐处理
铁件必须刷防腐漆，木骨架与结构接触面需进行防腐处理

 安装小龙骨
小龙骨间距应按设计要求，设计无要求时，应由罩面板规格决定，一般为 400~500mm

 安装大龙骨
将预埋钢筋弯成环形圆钩，穿 8 号镀锌钢丝或用 ϕ6~ϕ8 螺栓将大龙骨固定，并保证其设计标高

 安装罩面板
根据罩面板种类的不同，应按设计要求品种、规格和固定方式施工

 安装压条
部分罩面板在安装完成后需要在四周安装压条，多采用钉接的方式进行安装

木龙骨罩面板吊顶工程施工监工重点

①处理龙骨：龙骨应进行精加工，表面刨光，接口处开槽，横、竖龙骨交接处应开半槽搭接，并应进行阻燃剂涂刷处理。

②安装大龙骨：吊顶起拱按设计要求，设计无要求时一般为房间跨度的 1/300~1/200。

③安装小龙骨：小龙骨对接接头应错开，接头两侧各钉两个钉子。

④安装罩面板：罩面板与木骨架的固定方式用木螺钉拧固法。

TIPS

木龙骨罩面板吊顶工程常见质量问题及原因

● 吊顶完成后呈现波浪形：吊顶龙骨的拱度不均匀，利用吊杆或吊筋螺栓的松紧调整龙骨的拱度；吊杆被钉劈而使节点松动，将劈裂的吊杆更换；吊顶龙骨的接头有硬弯，将硬弯处夹板起掉，调整后再钉牢。

● 罩面板安装表面有鼓包：由于钉头未卧入板内所致，需用铁锤垫铁垫将圆钉钉入板内或用螺丝刀将木螺钉沉入板内，再用腻子找平。

● 吊顶变形开裂：湿度是造成开裂变形的最主要的环境因素。施工中尽量降低空气湿度，保持良好通风；湿度大的地区进行罩面板的表面处理时，对板材表面采取适当封闭措施。

2.橱柜工程

（1）橱柜安装的作业条件

①结构工程和有关壁柜、吊柜的构造连体已具备安装壁柜和吊柜的条件。

②室内已有标高水平线。

③壁柜框、扇进场后，顶面应涂刷防腐涂料，其他各面涂刷底油一道。

④将加工品靠墙、贴地，然后分类码放平整，底层垫平，保持通风。

（2）橱柜安装材料的准备

橱柜安装常用材料类型如下表所示。

材料	内容
主材	橱柜组件
其他材料	防腐剂、插销、木螺钉、拉手、锁、碰珠、合页等
主要工具	电焊机、手电钻、大刨、二刨、小刨、裁口刨、木锯、斧子、扁铲、木钻、丝锥、螺丝刀、钢水平尺、凿子、钢锉、钢尺等

（3）橱柜安装工艺流程

橱柜安装工艺流程如下所示。

 准备
对厨房做防护措施，挂挡布、厨房墙面等做简单清理，以便准确测量地面水平

 安装地柜
组装地柜，安装地脚并调节水平度；切割板材，割口从反面进行操作，保持正面不崩齿；而后按顺序安装

 安装吊柜
根据管线及使用者身高调整吊柜高度，画水平线，进行定位，安装吊码，而后依次将吊柜挂在吊码上

 检查、调整、清理
检查台面拼接处是否有缝隙，螺钉等是否安装到位，橱柜高度是否舒适；清理现场

05 安装门板、五金及灶具
安装门板，调平门板后，将铰链盖上铰链盖；而后分别安装水盆、龙头及拉篮；最后安装油烟机及灶具

04 安装台面
安装垫板，切割、打孔台面，将台面放在垫板上，连接部位用大理石胶粘贴后再打一层蜡，固化后打磨

（4）橱柜安装监工重点

①安装地柜：如有转角柜应先安转角柜，没有转角柜先从靠墙的柜往外安装。

②安装吊柜：吊柜底部与台面的适合距离为 650mm，但也可以根据自身身高的情况，调整距离；安装吊柜时，墙面每 900mm 不少于两个连接固定吊码，以达到承重要求。

③安装台面：柜体调平后在柜顶上安装 25mm 厚的台面垫板，水槽及炉具两侧必须加垫板，打少量玻璃胶进行固定，所有垫板需切割时必须用锯切割整齐。摆放台面时台面与墙之间需保留 3~5mm 的缝隙。

④安装门板、五金及灶具：安装所有门板的高度保持门板下沿与箱体下沿齐平。下水安装现场开孔，孔直径应比管道大 3~4mm，打孔后要将暴露的横截面用密封条密封，软管与下水道也要用玻璃胶进行密封。

⑤检查、调整、清理：检查台面有无拼接缝，所有切割部位是否打上密封胶；所有螺钉是否安装到位、门板是否调平；门与框架、门与门、抽屉与柜、抽屉与门、抽屉与抽屉的相邻表面缝隙是否 ≤ 2mm；所有橱柜的锐角是否磨钝；感受地柜与吊柜在使用中高度是否舒适。

3. 地板工程

（1）地板工程施工作业条件

①等吊顶和内墙面的装修施工完毕，门窗和玻璃全部安装完好后进行。

②按照设计要求，事先把要铺设地板的基层做好。

③待室内各项工程完工和超过地板面承载的设备进入房间预定位置之后，方可进行。

④检查核对地面面层标高，应符合设计要求。

⑤将室内四周的墙划出面层标高控制水平线。

（2）地板工程施工材料的准备

地板工程施工常用材料类型如下表所示。

材料	内容
主材	各种类别的木地板、毛地板
其他材料	木格栅、垫木、撑木、胶黏剂、处理剂、橡胶垫、防潮纸、防锈漆、地板漆、地板蜡等
主要工具	◎电动工具：手枪钻、云石电锯机、气泵、电刨、磨机 ◎手工工具：手锯、墨斗、钢卷尺、角尺、铅笔、拉线绳、锤、斧、橡皮锤、冲子、刮刀、螺丝刀、钳子、扁凿、刨、钢锯、拉钩或螺旋顶

（3）木龙骨毛地板铺设法

木龙骨毛地板铺设法施工工艺流程

毛地板龙骨铺设法指基层采用梯形截面木搁栅，上铺毛地板，再铺设地板的施工方法，适合用来铺设实木地板、实木复合地板、竹地板和软木地板。其施工工艺流程如下所示。

基层清理

将基层地面上的砂浆、垃圾、尘土等彻底清扫干净

弹线、安装预埋件

在基层上按设计规定的格栅间距和预埋件，弹出十字交叉点，安装预埋件

地面防潮、防水处理

在正式铺装地板前，应先把防潮层铺上。防潮层要铺平，接缝处要并拢

找平、刨平

刨平毛地板，使表面水平度与平整度达到要求

钉毛地板

毛地板木材髓心向上铺钉，接头必须设在格栅上，错缝相接

固定木格栅

将木格栅固定在地面的预埋件上，两者之间需安装垫片

铺设地板

将地板固定在毛地板上，有钉接和粘贴两种方式。铺设后进行找平、刨平处理（只有实木地板需要刨平处理）

安装踢脚线

先在墙面上弹出踢脚线上的上口线，在地板面弹出踢脚线的出墙厚度线，用50mm钉子将踢脚线上下钉牢在嵌入墙内的预埋木砖上

地板抛光、油漆上蜡

对实木地板进行抛光，而后将地板表面清扫干净后涂刷地板漆，进行抛光上蜡处理（复合地板和竹地板可省去这步，软木地板无需抛光）

木龙骨毛地板铺设法监工重点

①安装预埋件：预埋件为螺栓或铅丝，预埋件间距为800mm，从地面钻孔下入。

②固定木格栅：当基层锚件为预埋螺栓时，在格栅上划线钻孔，将格栅穿在螺栓上，拉线，用直尺找平格栅上平面，在螺栓处调平垫木，格栅与墙之间需留出30mm的缝隙；当基层预埋件为镀锌钢丝时，格栅按线铺上后拉线，将预埋钢丝把格栅绑扎牢固；调平垫木，应放在绑扎钢丝处。其宽度不少于5mm，长度是格栅底宽的1.5~2倍。

③钉毛地板：每块毛地板的接头处留2~3mm的缝隙，与墙之间留8~12mm的空隙。

④安装踢脚线：墙上预埋的防腐木砖应突出墙面与粉刷面齐平，接头锯成45°斜口。

⑤地板抛光：抛光、打磨是地板施工中的一道细致工序，因此，必须机械和手工结合操作。抛光机的速度要快，应顺木纹方向抛光、打磨。打磨不到位或粗糙之处必须手工细抛、细砂纸打磨。

⑥地板磨光后应立即上漆，使之与空气隔断，避免湿气侵袭地板。先满批腻子两遍，用砂纸打磨洁净，再均匀涂刷地板漆两遍。表面干燥后，打蜡、擦亮。

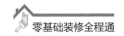

家装知识扩展

地板的铺设还有一种与木龙骨毛地板铺设法十分相似的打龙骨铺设法，适合所有强度足够的企口地板，但多用来铺设实木地板和实木复合地板。与木龙骨毛地板铺设法不同之处在于木格栅上方不再使用毛地板，而是直接铺设地板，且龙骨除了木龙骨之外，还可以使用塑料龙骨和金属龙骨等，但家庭装修中多使用木龙骨。

（4）悬浮铺设法

悬浮铺设法施工工艺流程

地板悬浮铺设法指地板不直接固定在地面上，通常是在地面上铺设地垫，而后在地垫上将带有锁扣、卡槽的地板拼接成一体的铺设方法，适合铺设实木复合地板、强化地板和竹地板。其施工工艺流程如下所示。

 基层清理

基层需平整、干净、干燥，有凹凸处应铲平，无浮尘及其他杂质，平整度应小于 5mm/m²

 防水处理

如为楼房底层或平房，地面需做防水处理。表面可涂刷防水涂料或铺设塑料薄膜，后者需铺设两层，接缝处要错开

 铺设垫层

垫层可以用泡沫垫、优质多层胶合板和铺垫宝，现多使用厚度为 10~12mm 的铺垫宝对接铺设，接口封胶

 踢脚线安装

伸缩缝用聚苯板或弹性体填充，踢脚线的宽度应大于伸缩缝，踢脚线安装后需盖住伸缩缝

 接口、过桥安装

房间与过道、厅与厅之间的接口连接处，地板必须做隔断处理，留足伸缩缝，用收口条、五金做过桥衔接

 铺装地板

地板铺设方向通常与房间行走方向一致，地板与墙之间放入木楔（完工后需全部清除），留足伸缩缝

悬浮铺设法监工重点

①基层清理：地面基层必须清除杂物，清扫灰尘，保持干燥、洁净。如果是水泥地面，需无裂纹。如果平整度不达标，必须重新进行找平处理，合格后方可铺设地板。

②铺设垫层：铺设垫层时，板块之间不能重叠，接口用胶条封住。

③铺装地板：地板必须留伸缩缝，通常为 8~12mm。干燥地区伸缩缝可小一些，潮湿地区伸缩缝应大一些。铺设地板时边铺边拉线检查平整度，检查合格后，边上的 2~3 排地板背面涂抹少量环保胶固定。最后一排地板要测量宽度后进行切割、施胶，并用拉钩或螺旋顶使之严密。

（5）直接粘贴铺设法

直接粘贴铺设法施工工艺流程

地板直接粘贴铺设法指将地板直接粘贴在地面基层上的一种铺设方法，适合铺设实木复合地板、拼花地板和软木地板。其施工工艺流程如下所示。

01 基层处理

用铲刀将地面上的石膏、油漆、水泥块等突起物铲除，并进行吸尘

02 地面修补

查找原始地坪缺陷，将有坑洞的地方补平，为提高原有地面的平整度，要做到不遗漏

03 打磨地面

用打磨机对地面进行精磨，调整其平整度，使之与周围地面的误差控制在 2mm 以内

06 自流平水泥排气

耙平后，应尽快用排气滚筒进行放气处理

05 自流平水泥施工

搅拌自流平水泥，倾倒在地面上，耙平自流平水泥

04 界面剂施工

滚涂界面剂，先对墙角进行手工涂布，再大面积涂刷

07 自流平水泥打磨吸尘

打磨自流平水泥，做进一步的精找平处理，并对地面进行吸尘处理

08 涂胶、铺装地板

滚涂专业的环保胶水，先对墙角进行手工涂布，然后再进行滚涂。按计划线铺装地板

09 安装踢脚线、涂饰

安装配套踢脚线，使地板和墙面颜色保持和谐统一，而后用油漆滚涂面层

 TIPS

关于直接粘贴铺设法的一些区别

● 自流平找平法更适合软木地板。如果地板块比较硬（拼花地板、实木复合地板），直接在混凝土结构层上用 15mm 厚 1：3 水泥砂浆对地面进行找平即可。

● 对于实木复合地板来说，踢脚线安装完毕后无需再对地板进行涂饰，直接将地面清理干净即可。

直接粘贴铺设法监工重点

①自流平水泥施工：必须用专业的工具搅拌自流平水泥，在搅拌头旋转力的作用下让自流平水泥搅拌得更均匀、更细腻。

②铺装地板：软木地板及拼花地板在铺装前可先弹好计划线，通常是从中间向两边铺装，完美铺装图案，并减少损耗；实木复合地板通常是从里往外铺设。软木地板在铺设时无需留缝，而实木复合地板和拼花地板，则需要根据实际情况在与墙交接处预留 8~12mm 的缝隙。

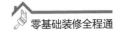

4. 木饰面工程

（1）木饰面工程施工作业条件

①木饰面（木墙身、筒子板）工程的骨架安装应在门窗口、窗台板安装后进行，面板应在抹灰及地面完工后进行。

②木龙骨作为骨架时，应在安装前将与面板接触的表面刨平，靠墙一面涂刷防腐剂，其余三面满刷防火涂料。

（2）木饰面工程施工材料的准备

木饰面工程施工常用材料类型如下表所示。

材料	内容
主材	木龙骨、基层板（细木工板或奥松板）及饰面板
其他材料	胶黏剂、防腐剂、钉子
主要工具	◎电动机具：小台锯、小台刨、手电钻、射枪 ◎手持工具：木刨子（大、中、小）、槽刨、木锯、细齿、刀锯、斧子、锤子、平铲、冲子、螺丝刀、方尺、割角尺、小钢尺、靠尺板、线坠、墨斗等

（3）木饰面工程施工工艺流程

木饰面工程工艺流程如下所示。

 放线定位

根据设计图纸的要求，在墙面上先弹出水平标高线和外轮廓线，然后弹出龙骨分格、分档线

 防腐、防潮、防火处理

木龙骨、木砧等表面涂刷防腐、防潮、防火涂料；对应墙面的位置也需要涂刷两遍防潮剂，或者用其他方式做好防潮处理

 拼装骨架

面积较小的木墙身，可在拼成木龙骨架后直接安装上墙；面积大的木墙身，则需要分几片分别安装上墙

 安装饰面板

安装前需对饰面板的花色进行挑选，多采用胶粘法进行施工，要保证其与基层结合牢固

 安装基层板

根据龙骨间距在板表面弹双向线，以确定钉子的固定位置，而后用气钉枪或自攻螺栓将基层板固定在木骨架上

 安装骨架

在弹线的交叉点钻孔，而后打入木楔，立起木龙骨靠在墙上，用吊垂线或水准尺找垂直度，用钉子钉在木楔上

家装知识扩展

木饰面工程也可使用轻钢龙骨作为骨架。使用轻钢龙骨作为骨架时，墙面需要先预埋铁件用以固定龙骨。龙骨表面无需再做防腐、防潮、防火处理，连接处做好防锈处理即可。骨架无需提前拼装，而是需要在墙上连接。其余步骤与木龙骨骨架的施工方式相同。

（4）木饰面工程监工重点

①安装骨架：木楔、铁件的位置应符合龙骨分档的尺寸。平墙面龙骨横竖间距一般不大于400mm。

②安装基层板：安装基层板时要求布钉均匀，钉距100~150mm，钉尾陷入板面。为避免日后变形，板与板之间需留3~5mm的缝隙，对板面大的饰面板，基层板宜错缝安装。

③安装饰面板：饰面板纹理、色泽会存在一些差异，在开始安装前需进行挑选，将色泽、纹理相近的放在一起。背面涂刷胶黏剂后，可借助木块和锤子由饰面板的一端到另一端逐次敲实，保证面板与基层板粘贴得足够牢固，无气泡、翘曲现象。

5. 软、硬包工程

（1）软、硬包工程施工作业条件

①软、硬包墙柱面上的水、电、风专业预留预埋必须全部完成，且电气穿线、测试完成并合格，各种管路打压、试水完成并合格。

②室内湿作业完成，地面和顶棚施工已经全部完成（地毯可以后铺），室内清扫干净。

③不做软、硬包的部分墙面面层施工基本完成，只剩最后一遍涂层。

④门窗工程全部完成（做软包的门窗除外），房间达到可封闭条件。

⑤各种木制品满足含水率不大于12%的要求。

⑥基层墙、柱面的抹灰层已干透，含水率达到不大于8%的要求。

（2）软、硬包工程施工材料的准备

软、硬包工程施工常用材料类型如下表所示。

材料	内容
主材	面层织物或皮革、内衬材料（阻燃型环保塑料泡沫）、龙骨、底板、胶黏剂、蚊钉
主要工具	角度剪、大小铲刀、空压机、码钉枪、铁锤、剪刀

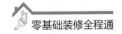

（3）软、硬包工程施工工艺流程

软包工程施工工艺流程如下所示。

基层处理
基层的垂直度、平整度数值不得大于 3mm，含水率不得大于 8%；涂刷清油或防腐涂料

弹木龙骨分隔线
在需要制作软包的墙面上按照设计要求的纵横龙骨间距弹线。当设计无要求时，木龙骨间距为 400~600mm

龙骨、底板施工
木龙骨必须做防腐、防火处理，而后将木龙骨固定在预埋的木楔上；固定完成后，在木龙骨上铺装底板

修边、整理
软包安装完毕后，应全面检查和修整。接缝处理要精细，做到横平竖直、框口端正

面层施工
将面料蒙铺在内衬上，在衬板反用 U 型气钉枪和胶黏剂进行固定，最后再将衬板用蚊钉固定在底板上

内衬及预制镶嵌块施工
在底板上弹出软包造型线，先制作衬板，再在衬板上粘贴内衬材料；或根据造型在墙面安装型条，中间填充内衬

家装知识扩展
硬包与软包的施工工艺流程大致相同，不同的是硬包内部不填充内衬，而是直接将面层材料固定在衬板上，所以省去了内衬填充这个步骤。

（4）软、硬包工程监工重点

①龙骨、底板施工：安装龙骨时，龙骨与墙面之间的缝隙需用经过防腐处理的木楔塞实，木楔间隔应不大于 200mm。

②内衬及预制镶嵌块施工：底板安装完成后，应将图纸上的设计分格与造型按 1：1 的比例以弹线的形式反映到安装面上。而后根据弹好的线制作衬板，衬板做好后上墙试装，没有问题后进行编号，并标注安装方向。在正面用环保型胶黏剂粘贴内衬材料。胶黏剂不能使用含腐蚀成分的，否则会腐蚀海绵内衬，使海绵厚度减少、发硬，影响面层效果。

③面层施工：同一场所必须使用同一匹面料且纹理的方向应一致。织物面料要先进行熨烫，再进行蒙铺。面料有花纹、图案时，应先包好一块作为基准，再按照衬板的编号将与之相邻的衬板面料对准花纹后进行裁剪。蒙铺面料时要先固定上下两边。四角叠整规矩后，再固定另外两边。蒙铺完成的面料应紧绷、无褶皱。软包制作好后用黏结剂或直钉将软包固定在底板上，水平度、垂直度需达到规范要求，阴阳角应进行对角。

四、油漆工程

1.乳胶漆工程

（1）乳胶漆工程施工作业条件

①墙面应基本干燥，基层含水率不大于10%。

②抹灰作业全部完成，过墙管道、洞口、阴阳角等处应提前抹灰找平修整，并充分干燥。

③门窗玻璃安装完毕，湿作业的地面施工完毕，管道设备试压完毕。

④冬期要求在采暖条件下进行，环境温度不低于5℃。

（2）乳胶漆工程施工材料的准备

乳胶漆工程施工常用材料类型如下表所示。

材料	内容
主材	乳胶漆、腻子粉
主要工具	高凳、脚手板、小铁锹、擦布、开刀、胶皮刮板、钢片刮板、腻子托板、扫帚、大桶、小桶、排笔、刷子

（3）乳胶漆工程施工工艺流程

乳胶漆工程施工工艺流程如下所示。

清理基层

将基层起皮及松动处清除干净，并用水泥砂浆补抹，将残留灰渣铲干净，然后将墙面扫净

修补基层

用水石膏将基层磕碰处及坑洼缝隙等处找平、干燥后，用砂纸把凸出处磨掉，将浮尘扫净

满刮腻子

刮腻子遍数可由墙面平整程度决定，一般情况下需要满刮三遍腻子，每遍干燥后都需要进行打磨操作

涂刷第三遍漆（面漆）

操作要求同第二遍乳胶漆涂料。由于乳胶漆漆膜干燥快，所以应连续迅速操作

涂刷第二遍漆（面漆）

操作要求同第一遍乳胶漆涂料。涂刷前要充分搅拌，如不是很稠，则不应加水或少加水，以免漏底。干燥后打磨光滑并用布擦干净

涂刷第一遍漆（底漆）

涂刷乳胶漆的顺序宜按先左后右、先上后下、先难后易、先边后面的顺序进行，不得胡乱涂刷

> **家装知识扩展**
>
> 乳胶漆施工通常有喷涂、辊涂、刷涂三种方式，可根据自身情况选择适合的施工方式。
> ● 喷涂：速度快，漆膜厚度均匀，效果好；有粉尘，材料浪费较多，不易修补。
> ● 辊涂：速度快，无漆雾，漆膜厚度均匀，性价比高；如控制不当，漆膜易产生辊痕，较浪费材料。
> ● 刷涂：材料用量最少；易出现刷痕以及膜厚不均匀现象，容易起泡、剥落。

（4）乳胶漆工程监工重点

①刮腻子：第一遍用橡胶刮板横向满刮，接头处不得留槎。干燥后，用砂纸将墙面上的腻子残渣、斑迹等打磨、磨光，而后清扫干净，再竖向满刮第二遍，操作同第一遍。第三遍用橡胶刮板找补腻子或钢片刮板满刮，将墙面刮平、刮光，干燥后用细砂纸磨光。

②涂刷乳胶漆：第一遍漆（底漆）涂刷时必须要均匀，干燥后进行打磨。涂刷第二遍漆前，如发现有不平整之处，用腻子补平磨光。每遍乳胶漆打磨前必须干透，一般干燥时间为2~4h。

2. 硅藻泥工程

（1）硅藻泥工程施工作业条件

①墙顶面阴阳角水平垂直度 ≤ 2mm；基面平整度 ≤ 3mm。

②基面须坚固、密实，无刀痕、裂纹、渗水、粉化、起鼓、翘皮、脱落、蜂窝麻面等现象；目测、手感门窗框收边，上下水平均匀一致，无毛边，与门窗边框误差应小于1.5mm。

③表面耐水程度强，蘸水擦洗后，墙面无变化；用一条黏性强的胶带纸贴在墙面，用力撕掉，墙面无变化。

④地面材料有地砖或大理石的已铺装完成；门套、地板、踢脚线、窗台板已安装完毕。

（2）硅藻泥工程施工材料的准备

硅藻泥工程施工常用材料类型如下表所示。

材料	内容
主材	硅藻泥壁材、腻子粉
主要工具	手提电动搅拌器、20L 干净的白乳胶桶 2~3 个，各种镘刀、海绵、印章、拉毛滚、橡胶印花滚或其他造型工具，脚踏梯、量水器皿、美纹胶纸等防护用品

（3）硅藻泥工程施工工艺流程

硅藻泥工程施工工艺流程如下所示。

基层处理

根据新旧程度的不同，采取不同的方式对基层进行相应的处理，使基层平整、整洁、干燥

刮腻子

满刮两遍腻子，第一遍粗找平，干透后用粗砂纸磨平；刮第二遍腻子，干后先用粗砂纸打磨，再用细砂纸打磨

涂刷底漆

在处理好的腻子面层上涂刷一遍封闭底漆。如果使用的是耐水腻子，这一步可以省略

清洁、养护

硅藻泥完全干燥一般需要48h，干燥后用喷壶喷洒少量清水，用干净毛巾或海绵去除表面浮料

肌理或图案制作

艺术工法需根据设计要求，选择适合的肌理或图案制作工具制作肌理及图案；平光工法和喷涂工法无需这个步骤

涂刷硅藻泥涂料

硅藻泥有平光工法、喷涂工法和艺术工法三种施工方式，可根据情况选择适合的施工方式

家装知识扩展

硅藻泥的三种施工方式

● 平光工法：主要施工工具为不锈钢镘刀，采用批涂的方式进行施工。以平滑效果为主，效果类似乳胶漆，共计需涂刷三遍涂料。

● 喷涂工法：主要施工工具为喷枪，适合大面积施工作业，能够提高效率。肌理效果比较单一，多为凹凸状肌理。共计需喷涂两遍涂料。

● 艺术工法：工具多样化，效果最为丰富的一种施工方法。施工效果没有固定性，相同的肌理图案，不同的施工者，表现出的风格不同。

（4）硅藻泥工程监工重点

①基层处理：硅藻泥施工基层处理是非常重要的一环，可分为两种情况。如果基层已经有刮好的腻子，用粗砂纸打磨平整即可；如果是毛坯基层，需将表面上的灰块、浮渣等杂物用铲刀铲除，再用底层石膏或嵌缝石膏将底层不平处补好，石膏干透后局部须贴牛皮纸或专用网格布进行防裂处理（目的是使底层牢固无裂缝），干透后再批刮腻子。

②刮腻子：第一遍腻子要求横向刮抹平整、均匀，密实平整，线角及边棱整齐，横平竖直，不得漏刮，接头不得有抹痕；第二遍刮抹方向与前腻子相垂直，干透后用200W白炽灯侧照墙面或天棚面，用粗砂纸打磨平整，最后用细砂纸打磨，以平整光滑为准，否则必须进行第三遍、第四遍，直至平整光滑为止。

③涂刷硅藻泥涂料：涂料涂刷的第一遍不能抹得太薄或太厚，不露出基层即可。

3. 艺术涂料工程

（1）艺术涂料工程施工作业条件

①湿度过高使涂膜与墙体附着力下降，造成涂膜起泡和发花，故湿度要求小于 10%。

②墙体内由于存在碱性物质或盐分，在干燥过程中会随湿气渗出至墙体表面，造成涂膜起泡和发花。应使这些物质彻底从墙体内渗出，至 pH 值小于 10 后方可涂装。

③地面材料有地砖或大理石的已铺装完成。

④门套、地板、踢脚线、窗台板已安装完毕。

（2）艺术涂料工程施工材料的准备

艺术涂料工程施工常用材料类型如下表所示。

材料	内容
主材	各类艺术涂料、腻子粉
主要工具	手提电动搅拌器、20L 干净的白乳胶桶 2~3 个、各种镘刀、刮刀、脚踏梯、量水器皿、美纹胶纸等防护用品

（3）艺术涂料工程施工工艺流程

艺术涂料工程施工工艺流程如下所示。

 01 基层处理

根据墙面的新旧情况，采取相应的处理方式，最终要保证墙面足够平整、整洁、干燥

 02 刮腻子

参考乳胶漆及硅藻泥批刮腻子的方式进行满刮腻子施工，正常需批刮两遍，如果两遍后不够平整，则继续批刮至平整

 03 涂刷底漆

基层处理完毕后，涂刷一层艺术涂料专用的抗碱底漆，起到防霉、抗碱、封闭、增加黏结性的作用

 06 第三遍涂料

需要批刮施工的艺术涂料，第三道重复第二道的"批""刮"，抹点不应在一个位置上重复，并边批刮边抛光，完工后对施工面进行清洁

 05 涂刷第二遍涂料

有图案的艺术涂料，此遍涂料需注意图案制作的方向。以马来漆为例，在批刮第二遍涂料时需要与第一遍错开方向，且在第二遍涂料干燥后，需用细砂纸进行打磨

 04 涂刷第一遍涂料

不同类型的艺术涂料，涂刷方式也是不同的，有的需要刮涂、有的需要喷涂、有的需要辊涂，根据涂料类型，选择适合的方式涂刷第一遍涂料即可

家装知识扩展

艺术涂料的常见施工方式

● 印章法：主要施工工具为带有图案的工具，底层涂料涂刷完毕后，将图案用的艺术漆调配好，再用带有图案造型的工具蘸上涂料，涂抹在墙上。

● 刮板法：主要施工工具为刮板、刮刀。用大刷子在墙面上涂抹艺术涂料，然后再用特制的刮板轻轻批刮。

● 涂刷法：主要施工工具为滚筒或毛刷，用普通的滚筒或者毛刷在艺术漆料基面根据喜好涂刷。

● 喷涂法：主要施工工具为喷枪。用喷枪喷涂料，操作时注意喷枪与墙面的距离，根据喷涂粒的大小适当地加减水。

（4）艺术涂料工程监工重点

①基层处理：未上漆的新墙，保证墙体有 4~8 周养护时间，并充分干燥；未上漆的旧墙，清除墙面浮尘，滋生的霉菌或苔藓用防霉溶液处理，进行干燥；刷过漆的旧墙，漆膜出现龟裂、起泡及剥落时，应将其彻底除去，修补打磨后再进行下一步工序。

②涂刷涂料：追求光泽感的艺术涂料，必须要进行打磨。

4. 清漆工程

（1）清漆工程施工作业条件

①除安装工程外，室内其他工程均已完工。湿作业已完成并具备一定的强度，环境比较干燥。

②涂饰环境的温湿度适宜，且比较均衡。环境温度不低于 8℃。

③涂饰现场要求环境整洁，无灰尘，涂饰前需清理完毕。

④木基层含水率一般不宜大于 12%。

（2）清漆工程施工材料的准备

清漆工程施工常用材料类型如下表所示。

材料	内容
主材	光油、清油、酚醛清漆、铅油、醇酸清漆、石膏、大白粉、汽油、松香水、酒精、腻子等
主要工具	油刷、开刀、牛角板、毛笔、砂纸、砂布、擦布、腻子板、刮板、小油桶、半截大桶、水桶、油勺、棉丝、麻丝、竹签、小色碟、高凳、脚手板、安全带、手锤和小扫帚

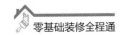

（3）清漆工程施工工艺流程

清漆工程施工工艺流程如下所示。

基层处理

基材需干净平整，表面不可有油污、胶水等杂质，如有污渍应及时清除，用 1# 砂纸顺木纹打磨，直到光滑为止

润色油粉

用大白粉、松香水、熟桐油混合搅拌成色油装桶，用棉丝蘸油粉反复涂于木材表面，擦进木材棕眼内，晾干后，用 1# 砂纸轻轻顺木纹打磨，用麻布擦净

满刮油腻子

调和油腻子，用开刀或牛角板将腻子刮入钉孔、裂纹、棕眼内，横刮竖起，待腻子干透后，用 1# 砂纸轻轻顺木纹打磨到光滑为止

刷第二、三遍清漆

使用原桶清漆不加稀释剂，第二遍清漆干透后首先要进行磨光，然后过水布，最后刷第三遍清漆

刷第一遍清漆

刷法与刷油色相同，待清漆完全干透后，用 1# 砂纸或旧砂纸彻底打磨一遍；对木材表面上的黑斑、节疤、腻子疤和材色不一致处进行修色

刷油色

将铅油（或调和漆）、汽油、光油、清油等混合在一起过箩装桶。刷油色时，应从外至内、从左至右、从上至下进行，顺着木纹涂刷

（4）清漆工程监工重点

①基层处理：将木制品基层面上的灰尘、油尘、油污、斑点、胶迹等用刮刀或碎玻璃片刮除干净，不能刮出毛刺。打磨时先磨线角，后磨四口平面。

②满刮油腻子：腻子的重量配合比为石膏粉 20，熟桐油 7，水适量（重量比），油性不可过大或过小，否则容易使油色不均匀，颜色不一致。

③刷油色：刷油色时动作应敏捷，需无缕无节，横平竖直。油色涂刷后要求木材色泽一致。

④刷清漆：刷每遍清漆前，都应将地面、窗台清扫干净，防止尘土飞扬，影响油漆质量。刷第二遍清漆时，操作环境要整洁，宜暂时禁止通行。

5. 色漆工程

（1）色漆工程施工作业条件

①除安装工程外，室内其他工程均已完工。湿作业已完成并具备一定的强度，环境比较干燥。

②涂饰环境的温湿度适宜，且比较均衡。环境温度不低于 8℃。

③涂饰现场要求环境整洁、无灰尘，涂饰前需清理完毕。

④木基层含水率一般不宜大于 12%。

（2）色漆工程施工材料的准备

色漆工程施工常用材料类型如下表所示。

材料	内容
主材	光油、清油、铅油、调和漆、石膏、大白粉、红土子、地板黄、松香水、酒精、腻子、稀释剂、催干剂等
主要工具	棕刷、排笔、铲刀、腻子刀、钢刮板、调料刀、油灰刀、刮刀、打磨器、喷枪、空气压缩机

（3）色漆工程施工工艺流程

色漆工程施工工艺流程如下所示。

基层处理

基材需干净平整，表面不可有油污、胶水等杂质，如有污渍应及时清除，用 1#砂纸顺木纹打磨，直到光滑为止

刷封底涂料

混合清油、汽油、光油，略加一些红土子进行刷涂。全部刷完后检查一下有无遗漏，并注意油漆颜色是否正确，并将五金件等处沾染的油漆擦拭干净

刮腻子

调和油腻子，用开刀或牛角板将腻子刮入钉孔、裂纹、棕眼内，横刮竖起，待腻子干透后，用 1#砂纸轻轻顺木纹打磨到光滑为止

刷第三遍油漆

方法与第一遍油漆相同。但涂刷时要多刷多理，注意刷油饱满、动作敏捷，使油漆不流不坠、光亮均匀、色泽一致

刷第一、二遍油漆

先将色铅油、光油、清油、汽油、煤油混合过筛，可用红、黄、蓝、白、黑铅油调配成各种所需颜色的铅油涂料，涂刷的顺序与刷封底涂料相同；第一遍涂料干透后，对底腻子收缩或残缺处用石膏腻子刮抹一次；待腻子干透后，用 1#砂纸打磨，并将打磨下来的粉末擦拭干净。第二遍油漆涂刷方法与第一遍相同

（4）色漆工程监工重点

①基层处理：基层处理时，除清理基层的杂物外，还应对有缺陷的部位进行局部的腻子嵌补，打砂纸时应顺着木纹打磨。基层处理应按要求施工，以保证表面油漆涂刷质量，清理周围环境，防止尘土飞扬。

②刮腻子：待涂刷的清油干透后将钉孔、裂缝、节疤以及残缺处用油性石膏腻子刮抹平整，腻子以不软不硬、不出蜂窝、挑丝不倒为佳。

6. 裱糊工程

（1）裱糊工程施工作业条件

①施工前门窗油漆、电器的设备安装完成，影响裱糊的灯具等要拆除。

②墙面抹灰提前完成干燥，基层墙面应符合相关规定。

③地面工程要求施工完毕，不得有较大的灰尘和其他交叉作业。

（2）裱糊工程施工材料的准备

裱糊工程施工常用材料类型如下表所示。

材料	内容
主材	墙纸或墙布
其他材料	胶黏剂
主要工具	活动裁纸刀、钢板抹子、塑料刮板、毛胶辊、不锈钢长钢尺、裁纸操作平台、钢卷尺、注射器及针头粉线包、软毛巾、板刷、大小塑料桶等

（3）裱糊工程施工工艺流程

裱糊工程施工工艺流程如下所示。

基层处理

针对不同基层做不同的处理，在进行基层处理时，必须清理干净、平整、光滑，墙面基层含水率应小于8%

弹线、预拼

裱糊第一幅墙纸/墙布前，应弹垂直线作为基准线，以保证裱糊材料横平竖直；先进行一次试贴，检验接缝的效果以确定裁切的尺寸大小

裁切

根据施工面和材料尺寸，两端各留出30~50mm，然后裁出第一段墙纸/墙布。有图案的材料，应自墙的上部开始对花

修整

如有胶迹、拼缝、阴阳角等质量缺陷应及时修整，以保证整体的裱糊效果

裱糊

裱糊墙纸/墙布时，按照先垂直面后水平面，先细部后大面的顺序进行，其中垂直面先上后下、水平面先高后低。过程中要防止穿堂风，防止干燥

润纸、刷胶黏剂

将墙纸在水中浸泡（墙布无需浸泡），然后再在背面刷胶。刷胶黏剂时要薄而均匀、不裹边、不漏刷，且基层表面与壁纸背面应同时涂胶

家装知识扩展

不同类型裱糊基层的处理方式

● 旧的涂料墙面：应先进行打毛处理，并在表面涂上一层表面处理剂。

● 混凝土及水泥砂浆抹灰基层：应清扫干净，将表面裂缝、坑洼不平处用腻子找平，再满刮腻子，打磨平。但在刮腻子前，应先在基层刷一层涂料进行封闭，目的是防止腻子粉化、基层吸水。

● 纸面石膏板基层：对缝处和螺钉孔位处用嵌缝腻子处理，然后用油性石膏腻子局部找平。当质量要求较高时，应满刮腻子并磨平。

● 木基层：应刨平，无毛刺、饯槎，无外露钉头。接缝、钉眼用腻子补平。满刮腻子，打磨平整。

● 拼接材质基层：木夹板与石膏板或石膏板与抹灰面的对缝都应粘贴接缝带。

（4）裱糊工程监工重点

①弹线、预拼：弹线时应从墙面阴角处开始，将窄条纸的裁切边留在阴角处，在阳角处不得有接缝的出现；如遇门窗部位，应以立边分划为宜，以便于褶角贴立边。

②润纸：PVC墙纸在刷胶前必须在水中浸泡2~3min，取出静置20min，用毛巾擦掉明水再刷胶；玻璃纤维基材墙纸、复合纸质墙纸及纺织纤维墙纸均无需润纸，在粘贴前用湿布在纸背稍擦拭一下即可。

③刷胶：基层表面的涂刷宽度要比预贴的墙纸宽20~30mm。PVC墙纸可只在基层表面涂刷胶黏剂。

④裱糊：对于需要重叠对花的墙纸/墙布，应先裱糊对花，后用钢尺对齐裁下余边。墙纸/墙布不得在阳角处拼缝，应包角压实。墙纸/墙布包过阳角应不小于20mm。遇到基层有突出物体时，应将墙纸/墙布舒展地裱在基层上，然后剪去不需要的部分。裱糊过程中，如局部有翘边、气泡等，应及时修补。

五、安装工程

1.门窗安装工程

（1）门窗安装工程施工作业条件

①门窗框靠地的一面应刷防腐漆，其他各面及扇均应涂刷一道清油。

②门框应依据图纸尺寸，核实后进行安装。

③门窗框的安装应在抹灰前进行。

④门扇和窗扇的安装宜在抹灰完成后进行。

（2）木门窗安装工程

木门窗安装工程施工材料的准备

木门窗安装工程施工常用材料类型如下表所示。

材料	内容
主材	木门窗（包括纱门窗）
其他材料	防腐剂、钉子、木螺钉、合页、插销、拉手、挺钩、门锁等按门窗图表所列的小五金型号、种类及其配件准备
主要工具	粗刨、细刨、裁口刨、单线刨、锯、锤子、斧子、螺丝刀、线勒子、扁铲、塞尺、线坠、红线包、墨汁、木钻、小电锯、担子板、扫帚等

木门窗安装工程施工工艺流程

木门窗安装工程施工工艺流程如下所示。

 找规矩弹线

从顶层开始用大线坠吊垂直，检查窗口位置的准确度，并在墙上弹出墨线。门窗洞口结构凸出框线时进行剔凿处理

 掩扇及安装样板

把窗扇根据图纸要求安装到窗框上，此道工序称为掩扇。检查缝隙大小、五金位置、尺寸及牢固性等，符合标准要求作为样板，以此为检验标准和依据

 窗框、扇安装

弹线安装窗框扇应考虑抹灰层的厚度，并根据门窗尺寸、标高、位置及开启方向，在墙上画出安装位置线，而后安装窗框和窗扇

 **门扇安装**

在门扇上安装开合页槽，合页槽与门扇两端的距离以门扇高度的 1/10 为宜。合页槽剔好后，即安装上、下合页，而后安装门扇及门锁、门吸等五金

 门框安装

应在地面工程施工前完成。门框安装应保证牢固，门框应用钉子与木砖钉牢，一般每边不少于 2 点固定，间距不大于 1.2m

木门窗安装工程监工重点

①找规矩弹线：要保证门窗安装的牢固性。

②窗框、门框安装：木门、窗框安装首先应在基层墙面内打孔，下木模。木模上下间距小于 300mm，每行间距小于 150mm。

③门扇安装：需确定门的开启方向及小五金型号和安装位置。

（3）铝合金门窗安装工程

铝合金门窗安装工程施工材料的准备

铝合金门窗安装工程施工常用材料类型如下表所示。

材料	内容
主材	铝合金门窗型材
其他材料	防腐材料、填缝材料、密封材料、防锈漆、水泥、砂、连接铁脚、连接板等
主要工具	电锤、射钉枪、电焊机、经纬仪、螺丝刀、手锤、扳手、钳子、水平尺、线坠等

铝合金门窗安装工程施工工艺流程

铝合金门窗安装工程施工工艺流程如下所示。

01 预埋件安装

门窗洞口和洞口预埋件在主体结构施工时，按施工图纸规定进行预留、预埋

02 弹线

根据设计图纸的墙面的 50 水平基准线，在门窗洞口的墙体和地面上弹出门窗安装位置线

03 门窗框安装

门窗框安装在洞口的安装线上，调整正、侧面垂直度，水平度和对角线，合格后用对拔木楔临时固定，木楔应垫在边框、横框能受力的部位

05 门窗扇安装

内外平开门装扇，在门的上框钻孔插入门轴，门下地面里埋设地脚并装置门轴；也可在门扇的上部加装油压闭门器或在门扇下部加装门定位器。平开窗可采用横式或竖式不锈钢滑移合页，保持窗扇开启角度在 0°~90°之间自行定位

04 门窗框固定

当门窗洞口有预埋铁件时，将框子上的连接件直接焊接到预埋件上即可；当门窗洞口没有预埋铁件时，需要先用镀锌螺钉锚固在铝框上，然后在墙上钻孔，用膨胀螺栓将连接件锚固。连接完毕后，填充框与墙体之间的缝隙

铝合金门窗安装工程监工重点

①预埋件安装：洞口预埋铁件间距须与门窗框上设置的连接件配套。

②门窗框安装：铝框上的保护膜在安装前后不得撕除或损坏。组合门窗应先按设计要求进行预拼装，然后先装通长拼樘料，后装分段拼樘料，最后安装基本门窗框。

③门窗框固定：门窗框与墙体之间需留有 15~20mm 的间隙，并用弹性材料填嵌饱满，表面用密封胶密封。不得将门窗框直接埋入墙体，或用水泥砂浆填缝。

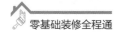

（4）塑钢门窗安装工程

塑钢门窗安装工程施工材料的准备

塑钢门窗安装工程施工常用材料类型如下表所示。

材料	内容
主材	塑钢门窗型材
其他材料	连接件、镀锌铁脚、自攻螺栓、膨胀螺栓、PE 发泡软料、玻璃压条、五金配件等
主要工具	电锤、射钉枪、电焊机、经纬仪、螺丝刀、手锤、扳手、钳子、水平尺、线坠等

塑钢门窗安装工程施工工艺流程

塑钢门窗安装工程施工工艺流程如下所示。

01 弹安装位置线
按图纸弹出门窗安装位置线，检查洞口内预埋件位置和数量。如没有预埋铁件，应在安装线上弹出膨胀螺栓的钻孔位置

02 框子安装连接铁件
框子连接铁件的安装位置是从门窗框宽和高度两端向内各标出 150mm，作为第一个连接铁件的安装点，中间安装点间距 ≤ 600mm

03 立樘子
把门窗放进洞口安装线上就位，用对拔木楔临时固定。校正垂直度、对角线和水平度，将木楔固定牢靠，固定连接件到洞口墙面上

06 安装玻璃、清洁
扇、框连在一起的半玻平开门，安装后再装玻璃。推拉扇可先将玻璃装在扇上，再把扇装在框上。最后做好清洁

05 安装小五金
塑料门窗安装小五金时，必须先在框架上钻孔，然后用自攻螺钉拧入，严禁直接捶击打入

04 塞缝
门窗洞口面层粉刷前，除去安装时临时固定的木楔，在门窗周围缝隙内塞入发泡轻质材料，使之形成柔性连接，以适应热胀冷缩

塑钢门窗安装工程监工重点

① 弹安装位置线：膨胀螺栓的钻孔位置应与框子连接铁件的位置相对应。

② 框子安装连接铁件：严禁用锤子敲打框子，以免损坏。

③ 立樘子：为防止框子受挤压变形，木楔应塞在门窗角、中竖框、中横框等能受力的部位。

④ 塞缝：严禁用水泥砂浆或麻刀灰填塞，以免门窗框架受震变形。

⑤ 安装玻璃、清洁：玻璃安装后，必须及时擦除玻璃上的胶液等污染物，直至光洁明亮。

2. 五金安装工程

（1）木制品五金的安装

①五金件的安装时间需考虑好与油漆工施工衔接的问题。

②五金件的安装时间不宜过早，避免施工时过多考虑对五金件的保护。

③安装五金件要注意不能破坏油漆工人已经完成的施工。

④对于需要钻孔的五金件，基本上是在油漆工施工之前或主要工序进行之前完成。

⑤油漆工完成施工后，木工再进行安装工作。

（2）浴室五金的安装

浴室五金的类型和安装要求如下表所示。

五金名称	安装要求
浴巾架	主要装在浴亭外边，离地约 1.8m 的高度
双管毛巾架	◎装在卫浴中央部位空旷的墙壁上 ◎装在单管毛巾架上方时，离地约 1.6m ◎单独安装时，离地约 1.5m
单管毛巾架（脚巾架）	◎装在卫浴中央部位空旷的墙壁上 ◎装在双管毛巾架下方时，离地约 1.0m ◎单独安装时，离地约 1.5m
单层物品架（化妆架）	◎安装在洁面盆上方、化妆镜的下部 ◎离脸盆的高度以 30cm 为宜
衣钩	◎可安装在浴室外边的墙壁上 ◎离地应在 1.7m 的高度
墙角置物架	◎安装在洗衣机上方的墙角上 ◎架面与洗衣机的间距以 35cm 为宜
厕纸架	◎安装在坐便器一侧，用手容易够到，且不太明显的地方 ◎一般以离地 60cm 为宜

3. 洁具安装工程

（1）洁具安装工程施工作业条件

①与卫生洁具连接的给水管道单项试压已完成。

②卫生洁具连接的排水管道灌水试验已完成并已办好预检、试验、隐检手续。

③需要安装卫生洁具的房间，室内装修已基本完成。

（2）洁具安装工程施工材料的准备

洁具安装工程施工常用材料类型如下表所示。

材料	内容
主材	洁面盆、坐便器、浴缸等洁具
其他材料	截止阀、水嘴、八字门、丝扣、反水弯、排水口、镀锌螺栓、螺母、油丝、油灰等
主要工具	套丝机、砂轮机、砂轮锯、手电钻、冲击钻、管钳、手锯、水平尺、划规、线锥、冲天钻、十字螺丝刀、活动扳手、记号笔、卷尺、生料带等

（3）洁面盆的安装

洁面盆的安装步骤

①台上盆：按安装图纸在台面预定位置开孔；将盆放置于孔中，调整位置，用硅胶将缝隙填实；安装五金；胶干燥后，连接上下水管道。

②台下盆：按台下盆的尺寸定做台下盆安装托架；然后将台下盆安装在预定位置，固定好支架，再将已开好孔的台面盖在台下盆上，将其固定在墙上；用硅胶将缝隙填实；安装五金；胶干燥后，连接上下水管道。

③立柱盆：将盆放在立柱上，挪动盆与柱使其接触吻合；使用水平尺校正面盆的水平位置，盆的下水口与墙上出水口的位置应对应；在墙和地面上分别标记出盆和立柱的安装孔位置，按提供的螺栓大小在墙壁和地面上的标记处钻孔；塞入膨胀粒，将螺杆分别固定在地面和墙上；将立柱固定在地面上；将面盆放在立柱上，安装孔对准螺栓将面盆固定在墙上。用硅胶将缝隙填实；安装五金；胶干燥后，连接上下水管道。

④壁挂盆：将挂盆靠在墙上，用水平尺平衡位置，在墙上标注盆的位置；将挂盆移动到别的地方并用适应的冲击钻在标记的地方钻孔；固定膨胀螺栓，将挂盆固定在螺栓上，旋紧螺母；用硅胶将盆与墙的缝隙填满；安装五金；胶干燥后，连接上下水管道。

洁面盆安装工程监工重点

①安装洁面盆之前一定要知道水电的排布，以免打中水管或电线。

②无论是独立式还是台式洁面盆，盆面或台面离地高度都应在 70~90cm，太矮或者太高会感觉不方便、不舒适。

③密封胶应使用弹性好的硅胶，尽量不要使用比较硬的玻璃胶。面盆与墙面缝隙处打胶必需密实，保证不漏水。

④面盆与排水管的连接应牢固、紧密，且应便于拆卸维修，连接处不能有敞口。

⑤排水栓与洗涤盆镶接时，排水栓溢流孔应尽量对准洗涤盆溢流孔以保证溢流部位畅通，镶接后排水栓上端面应低于洗涤盆底。

（4）坐便器的安装

坐便器安装工程施工工艺流程

坐便器安装工程施工工艺流程如下所示。

检查排污口

坐便器的排污管口径很粗，若没有封口，很容易掉落东西进去，在安装前先进行检查是否有泥砂、废纸等杂物堵塞

裁切排污口

安装前根据坐便器的尺寸，将排污口长出的部分裁切掉，高出地面 2~5mm 最佳。而后挪动坐便器到安装位置上，画出安装线

确认位置、画线

确认墙面到排污孔中心的距离，将坐便器的排污口与地面上的排污孔对齐，在地面上画出坐便器的安装位置。沿着所画线的内侧打密封胶

打胶、连接进水管

坐便器与地面交汇处，再次涂抹一遍密封胶，而后将多余的胶擦除；安装角阀，将进水软管的另一端接到角阀上

坐便器就位

挪动坐便器至打好密封胶的位置上，注意法兰应对准地面上的排污孔管。微调一下，让坐便器平整、端正，而后稍用力按压一下，使其稳固

安装进水管和法兰

将坐便器附带的进水管一端连接到坐便器上；将坐便器上的法兰安装在坐便器排污口上，用力按压，使其牢固，可在法兰上打胶进行加固

坐便器安装工程监工重点

①确认位置、画线：打胶时需注意胶不能超过安装线。

②打胶：坐便器与地面之间的连接处必须要打密封胶，这样做是为了将卫生间局部积水挡在坐便器的外围。

③连接进水管：连接进水管前先检查自来水管，放水 3~5min 冲洗管道，以保证自来水管的清洁，而后再安装角阀。

（5）浴缸的安装

嵌入式浴缸安装工程施工工艺流程

嵌入式浴缸安装工程施工工艺流程如下所示。

规划安装位置

嵌入式浴缸需要砌筑裙边，所以需要在水电改造定位时就提前规划好浴缸的安装位置，并准备好排水口

砌筑裙边

根据浴缸尺寸，用砖砌筑支撑墙，台面及侧面可以使用相同风格的饰面材料。裙边砌筑完成后，内部及边沿部位需先做好防水处理

组装浴缸

将浴缸的调节腿安装在底部，根据支撑墙的高度调节好腿的高度；将溢流孔和排水口等配套的排水配件安装到浴缸上，使其固定牢固

排水试验、打胶

进行排水试验，查看有无渗漏情况，若无渗漏可将检修孔覆盖住；将浴缸上侧与墙壁之间的接缝处用密封胶进行密封

安装浴缸

将浴缸放入支撑墙内，用水平仪辅助保证其水平；检查地面的排水孔位置，将排水管放入地面排水口中，多余的缝隙用密封胶填充。安装浴缸配套的龙头、花洒和去水堵头

独立式浴缸安装工程施工工艺流程

独立式浴缸安装工程施工工艺流程如下所示。

调节浴缸水平度

将浴缸放置到预装的位置，调节浴缸支脚高度，使浴缸平稳，过程中可随时用水平尺检查水平度

连接排水管

将浴缸上的排水管拉开，塞进地面预留出的排水口内，用玻璃胶将多余的缝隙进行密封，以避免下水道中的异味从缝隙处蔓延到卫浴空间中

对接管路与角阀

对接软管与墙面预留的冷、热水管的管路及角阀，用扳手拧紧；打开控水角阀，检查有无漏水

测试性能、打胶

测试浴缸的各项性能，没有问题后将浴缸放到预装位置；如浴缸紧靠墙摆放，需用玻璃胶将浴缸与墙面之间的缝隙进行密封

安装配件

安装手持花洒和去水堵头等浴缸配件

浴缸安装工程监工重点

①嵌入式浴缸：在砌筑裙边时，注意下水部位必须要留检修口，以便于检修。

②独立式浴缸：安装过程中必须用水平尺随时测量，以保证其水平度。

4. 灯具安装工程

（1）灯具安装工程施工作业条件

①在结构施工中，配合土建已做好基础灯具安装所需预埋件的预埋工作。

②盒子口修好，木台、木板油漆结束后。

③吊顶、墙面抹灰工作、室内装饰浆活及地面清理工作均已结束。

（2）灯具安装工程施工材料的准备

灯具安装工程施工常用材料类型如下表所示。

材料	内容
主材	各种灯具
其他材料	软线、硬线（装灯时线不够长要用）、分组器、工具箱
主要工具	◎电动工具：电锤、钻头、电笔 ◎手动工具：螺丝刀（3把）、剪线钳子

（3）组装灯具的安装

组装灯具安装工程施工工艺流程

组装灯具安装工程施工工艺流程如下所示。

定位、钻孔

对照灯具吸顶盘（吊灯）或底座（吸顶灯）画好安装孔位置，钻孔，孔不要太深，按照膨胀螺栓长度来打孔

上螺栓、安装固定件

将膨胀螺栓放到孔内，因为孔的直径比膨胀螺栓的要小一些，所以要用锤子将其打入，这样安装的螺栓会更加牢固；然后固定挂板或底座固定件

接线

将接线盒内电源线穿出灯具底座，用线卡或尼龙扎带固定导线，以避开灯泡发热区

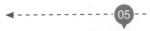

安装灯泡及灯罩

灯体固定完成且牢固后，即可开始安装灯泡。安装完成后，对灯泡进行检测，看是否能正常照明，全部可以正常使用后，安装灯罩

固定吸顶盘或底座

把挂板和吸顶盘用螺栓连起来，再拧上光头螺栓固定好，安装需牢固（吊灯）；将底座各固定件连接起来，使其固定牢固（吸顶灯）

组装灯具安装工程监工重点

①安装前：一些造型较为复杂的组装灯具，在安装前需根据说明书先进行框架的组装。

②接线：导线接头必须牢固、平整，并用绝缘胶布包裹严密。

③固定吸顶盘或底座：如果吊灯比较重，需要在顶部预埋铁件固定吊顶，以保证使用的安全性。采用膨胀螺栓安装吊灯时，胀管螺栓的规格不宜小于 M6（mm），多头吊灯不宜小于 M8（mm），螺栓数量至少要两枚。不能使用轻型自攻胀管螺栓安装吊灯。

（3）筒灯的安装

筒灯安装工程施工工艺流程

筒灯安装工程施工工艺流程如下所示。

01 定位、开孔

按照筒灯的安装位置做好定位，而后用开孔器在吊顶上钻孔，便于将灯体安装到吊顶内

02 接线

将顶棚预留导线上的绝缘胶布撕开，并与筒灯（射灯）上的电线连接起来，连接部位要用绝缘胶布包裹严密

03 安装灯具、检测

将筒灯安装到吊顶内，并按严；开合筒灯的控制开关，测试筒灯照明是否正常

筒灯安装工程监工重点

①开孔：定位时画线的直径应准确，与灯具尺寸相符；开孔时不能破坏吊顶面其他部位。

②接线：筒灯内部都有零线和火线两根电线，切记不能接错；导线接头必须牢固、平整。

（4）壁灯的安装

壁灯安装工程施工工艺流程

壁灯安装工程施工工艺流程如下所示。

01 定位、钻孔

根据壁灯挂板上的孔在墙上做记号，用电钻在记号处钻孔

02 上膨胀螺栓

把膨胀螺栓塞进已经钻好的孔里面，然后用锤子把膨胀螺栓打进墙里面，直到全部打入墙内

03 安装挂板孔

把木螺栓穿过壁灯挂板孔，然后固定拧在膨胀螺栓上

05 安装壁灯、测试

断开室内电源，然后把壁灯的电线和电源线连接好，安装壁灯；测试壁灯是否能够正常使用

04 连接挂板和吸顶盘

用螺栓把挂板和吸顶盘连接起来，然后拧上光头螺栓，把吸顶盘固定好

壁灯安装工程监工重点

①定位、钻孔：要先了解线路布置图，不要钻到电线，还要注意所钻的孔的深度。

②安装挂板孔：要注意两边的固定要交替进行，这样可以避免木螺栓出现偏移。

家装知识扩展

壁灯的安装高度

● 公共空间：壁灯的安装高度一般要稍微高过视平线，大概在 1.8m 左右。壁灯的高度距离工作面一般为 1440~1850mm，距离地面则为 2240~2650mm。

● 卧室：壁灯离地面的距离可以近一些，大概为 1400~1700mm。而壁灯挑出墙面的距离就更近一些，一般为 95~400mm。

（5）暗藏灯带的安装

暗藏灯带安装工程施工工艺流程

灯带安装工程施工工艺流程如下所示。

01 连接电源线	02 固定灯带	03 调整、检测
将吊顶内引出的电源线与灯具电源线的接线端子可靠连接	将灯具电源线插入灯具接口；将灯具推入安装孔，或者用固定带固定灯具	调整灯具边框；安装完成后开灯测试，查看所有灯具是否能够正常发光

暗藏灯带安装工程监工重点

①连接电源线：导线接头必须牢固、平整，并用绝缘胶布包裹严密。

②固定灯带：如果使用的是 LED 灯带，当固定在墙面灯槽内时，要注意固定带距离的把控，因为灯带是软体，如果距离过远容易移位。

5. 开关、插座安装工程

（1）开关、插座安装工程施工作业条件

①管路已经敷设完毕。

②底盒已经敷设完毕，盒子收口平整。

③线路的导线已穿完，并已做完绝缘摇测。

④墙面的浆活、油漆及壁纸等装修工作已经完成。

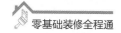

（2）开关、插座安装工程施工材料的准备

开关、插座安装工程施工常用材料类型如下表所示。

材料	内容
主材	各种灯具
其他材料	软线、硬线（装灯时线不够长要用）、分组器、工具箱
主要工具	◎电动工具：电锤、钻头、电笔 ◎手动工具：螺丝刀（3把）、剪线钳子

（3）开关、插座安装工程施工工艺流程

开关、插座安装工程施工工艺流程如下所示。

清理

用錾子将盒子内残存的灰块和其他杂物一并清出盒外，用湿布将盒内擦净，如果导线上有污物也应一起清理干净

理线、盘线

理顺盒内导线，当一个暗盒内有多根导线时，导线不可凌乱，应彼此区分开；将盒内导线盘成圆圈，放置于开关盒内

接线

用锤子清理边框；将火线、零线等按照标准连接在开关／插座上，连接完成后，用绝缘胶布将接头包裹严密

安装面板、试运行

开关／插座主体固定完成后，盖上装饰面板。螺钉拧紧的过程中，需不断调节开关的水平度，最后盖上面板；通电试运行

固定开关／插座

将开关／插座主体推入盒内，用水平尺找平，及时调整开关水平；用螺钉固定开关／插座

（4）开关、插座安装工程监工重点

①接线时需要削去绝缘层，但注意不能碰伤线芯；插座安装有横装和竖装两种方法。横装时，面对插座的右极接火线，左极接零线。竖装时，面对插座的上极接火线，下极接零线。单相三孔及三相四孔的接地或接零线均应在上方。

②试运行：通电后仔细检查和巡视，检查漏电开关是否掉闸，插座接线是否正确。检查插座时，最好用验电器逐个检查，如有问题，断电后及时进行修复。

第六章

家居装修的验收

在家居装修的前、中、后期进行着不同类型的项目，有些工程会被后期的工程隐蔽起来，所以验收并非仅在整体家居装修工程全部完工后再进行。验收贯穿着整个家居装修的过程中。了解了施工步骤和监工重点后，还需要了解每种工程的验收标准，将它们结合起来，有利于更好地控制工程质量。在进行验收时，可以将验收项目列成表格，将合格及不合格的项目均标注出来，对不合格的部分与装修公司进行沟通，进行返工直至合格为止。

扫码下载电子书
《42个验收小技巧》

一、装修前、中、后期的验收内容

1. 装修前期的验收内容

　　家庭装修前期验收最重要的是"检查"。如果进场材料与合同签订中的不符，则不要在材料验收单上签字，即刻联系装修公司协商解决。装修前期的验收内容如下表所示。

验收项目	具体内容
进场材料	检查所有进场的材料（如腻子、胶类等），是否与合同中预算单上的材料一致，包括品牌、规格、颜色、图案等
水电改造材料	检查水电改造材料（电线、水管）的品牌是否属于装修公司专用品牌，避免进场材料中掺杂其他材料影响后期施工

2. 装修中期的验收内容

　　中期验收是家装验收中较为复杂的环节，一般在装修进行 15 天左右开始。中期验收通常分为第一次验收与第二次验收，其是否合格将会影响后期多个装修项目的进行。

验收项目	具体内容
给水、排水管道的施工验收	管道、管件质量应符合现行标准；经通水试压，所有管道、阀门、接头无渗水、漏水现象；排水要顺畅，无渗漏、回流和积水现象
电气工程施工验收	漏电开关安装正确、使用正常；电气器件、设备的安装固定应牢固、平整；电器通电试验、灯具试亮及灯具控制性能良好
吊顶工程施工验收	吊顶工程所用材料的品种、规格、颜色以及基层构造、固定方法应符合设计有关规范要求
裱糊工程施工验收	裱糊工程完工并干燥后，方可验收；验收时，应主要检查材料品种、颜色、图案是否符合设计要求
花饰工程施工验收	花饰工程完工并干燥后，方可验收；验收花饰工程，应检查花饰的品种、规格、图案是否符合设计要求

续表

验收项目	具体内容
板块面层施工质量施工验收	材质及图案符合住户要求，产品质量符合国家标准技术规定
木制地板安装施工验收	材料应符合要求及现行产品标准；地板安装（黏结）应牢固，无声响，无松动
塑料板面层施工质量施工验收	材料、色调、铺贴应符合要求；表面平整、光滑、无皱纹，并不得翘边和鼓泡

3. 装修后期的验收内容

后期验收主要是对中期项目的收尾部分进行检验。后期验收相对中期验收来说比较简单，但需要比较细致的排查。

验收项目	具体内容
验收电路	电路主要查看插座的接线是否正确以及是否通电，卫浴间的插座应设有防水盖
验收地漏	主要验收安装有地漏的房间是否存在"倒坡"现象
验收地板、塑钢窗等尾期项目	应查看地板的颜色是否一致；塑钢窗的牢固性等问题
验收细节问题	如厨房、卫浴的管道是否留有检查备用口，水表、气表的位置是否便于读数等

TIPS

家装验收所需工具及作用
- 卷尺：用来测量房屋净高、净宽和橱柜等尺寸；检验预留空间是否合理；橱柜大小是否和原设计一致。
- 垂直检测尺（靠尺）：检测墙面、瓷砖是否平整、垂直；地板龙骨是否水平、平整。
- 塞尺：检查缝隙大小是否符合要求。
- 方尺：检测墙角、门窗边角是否呈直角。
- 检验锤：测试墙面和地面空鼓情况。
- 磁铁笔：测试门窗内部是否有钢衬。
- 试电插座：测试电路内线是否正常。

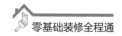
二、改造的质量验收

1. 水路工程的施工质量验收

水路工程的质量检验重点，可参考下表。

序号	检验标准	检验结果	
1	管道工程施工符合工艺及国家有关标准规范	是	否
2	所用水管为正规厂家产品，质量合格	是	否
3	管壁颜色一致，无色泽不均匀及分解变色线，内外壁应光滑、平整，无气泡、裂口、裂纹、脱皮、痕纹及碰撞凹陷	是	否
4	公称外径不大于32mm，盘管卷材调直后截断面应无明显椭圆变形	是	否
5	给水管道与附件、器具连接严密，经通水实验无渗水	是	否
6	排水管道应畅通，无倒坡、无堵塞、无渗漏，地漏篦子应略低于地面	是	否
7	压力测试后，管壁无膨胀、无裂纹、无泄漏	是	否
8	明管、主管管外皮距墙面距离一般为2.5~3.5cm	是	否
9	冷热水间距不小于150mm	是	否
10	卫生器具安装位置正确，器具上沿要水平端正且牢固，外表光洁无损伤	是	否
11	卫生器具采用下供水，甩口距地面为350~450mm	是	否
12	洁面盆、台面距地面为800mm，沐浴器为1800~2000mm	是	否
13	阀门安装为低进高出，沿水流方向	是	否

2. 电路工程的施工质量验收

电路工程的质量检验重点，可参考下表。

序号	检验标准	检验结果	
1	所有使用的材料均为正规厂家产品，电线有生产厂家名称、地址等信息，有合格证和生产日期，有 3C 标志	是	否
2	电线按照相线进行了分色	是	否
3	接线的顺序正确：火线进开关、零线进灯头，左零右火，接在地上	是	否
4	当强、弱电线交叉或距离较近时，有用锡纸对其中一种电线进行包裹	是	否
5	线路的走向符合业主的具体要求	是	否
6	电箱内的每个回路都应粘贴上对应的回路名称，例如卧室、厨房，若有进一步的细分也应标注	是	否
7	所有的插座、开关位置均正确	是	否
8	一个房间内的所有开关均在同一条水平线上；临近的插座均在一条水平线上，强弱电插座之间距离满足至少 50cm	是	否
9	开关、插座的面板安装牢固、端正	是	否
10	所有房间的电源及空调插座使用正常	是	否
11	所有房间的电话、音响、电视、网络使用正常	是	否
12	有详细的电路布置图，标明导线规格及线路走向	是	否
13	导线与灯具连接牢固紧密，不伤灯芯。压板连接时无松动，水平无斜。螺栓连接时，在同一端子上导线不超过两根，防松垫圈等配件齐全	是	否

3. 隔墙工程的施工质量验收

隔墙工程的质量检验重点，可参考下表。

序号	检验标准	检验结果	
1	骨架隔墙所用龙骨、配件、墙面板、填充材料及嵌缝材料的品种、规格、性能和技术，木材含水率符合设计要求	是	否
2	有隔声、隔热、阻燃、防潮等特殊要求的工程，材料均有相应性能等级检测报告	是	否
3	骨架隔墙工程边框龙骨与基体结构连接牢固，且平整、垂直、位置正确	是	否
4	骨架隔墙中龙骨间距和构造连接方法符合设计要求	是	否
5	骨架内设备管线安装、门窗洞口、填充材料设置符合设计要求	是	否
6	木龙骨及木墙面板防火和防腐处理符合设计要求	是	否
7	墙面板所用接缝材料接缝方法符合设计要求	是	否
8	骨架隔墙表面平整光滑、色泽一致、洁净、无裂缝，接缝均匀、顺直	是	否
9	骨架隔墙上的孔洞、槽、盒应位置正确、套割吻合、边缘整齐	是	否
10	骨架隔墙内填充材料干燥，填充密实、均匀、无下坠	是	否
11	所有房间的电话、音响、电视、网络使用正常	是	否
12	有详细的电路布置图，标明导线规格及线路走向	是	否
13	导线与灯具连接牢固紧密，不伤灯芯，压板连接时无松动，水平无斜，螺栓连接时，在同一端子上导线不超过两根，防松垫圈等配件齐全	是	否

三、瓦工工程的质量验收

1. 墙面抹灰工程的施工质量验收

墙面抹灰工程的质量检验重点，可参考下表。

序号	检验标准	检验结果	
1	抹灰前将基层表面的尘土、污垢、油污等清理干净，并浇水湿润	是	否
2	一般抹灰所用的材料品种和性能符合设计要求	是	否
3	砂浆的配合比符合设计要求	是	否
4	抹灰工程分层进行	是	否
5	当抹灰总厚度大于等于 35mm 时，有采取加强措施	是	否
6	不同材料基体交接处表面的抹灰已采取防止开裂的加强措施。当采用加强网时，加强网与各基体的搭接宽度不小于 100mm	是	否
7	抹灰层与基层之间及各抹灰层之间粘接牢固。抹灰层无脱层、空鼓	是	否
8	面层无爆灰和裂缝等缺陷	是	否
9	护角、孔洞、槽、盒周围的抹灰表面整齐、光滑，管道后面的抹灰表面平整	是	否
10	抹灰总厚度应符合设计要求	是	否
11	水泥砂浆没有抹在石灰砂浆上，罩面石膏灰没有抹在水泥砂浆层上	是	否
12	有排水要求的部位应做滴水线（槽）	是	否
13	抹灰分格缝设置符合设计要求	是	否

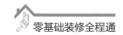

2. 墙砖铺贴工程的施工质量验收

墙砖铺贴工程的质量检验重点，可参考下表。

序号	检验标准	检验结果	
1	墙砖的品种、规格、颜色和性能符合设计要求	是	否
2	墙砖粘贴牢固	是	否
3	满粘法施工的墙砖工程无空鼓、裂缝	是	否
4	墙砖表面平整、洁净，色泽一致，无裂痕和缺损	是	否
5	阴阳角处搭接方式、非整砖的使用部位符合设计要求	是	否
6	墙面突出物周围的墙砖整砖套割吻合，边缘应整齐	是	否
7	墙砖接缝平直、光滑，填嵌连续、密实；宽度和深度符合要求	是	否

3. 地砖铺贴工程的施工质量验收

地砖铺贴工程的质量检验重点，可参考下表。

序号	检验标准	检验结果	
1	面层所用的板块的品种、质量符合设计要求	是	否
2	面层与下一层的结合（粘接）牢固，无空鼓	是	否
3	砖面层洁净、图案清晰、色泽一致	是	否
4	接缝平整、深浅一致、周边直顺	是	否
5	板块无裂纹、掉角和缺棱等缺陷	是	否

续表

序号	检验标准	检验结果	
6	面层邻接处的镶边用料及尺寸符合设计要求，边角整齐且光滑	是	否
7	踢脚线表面洁净、高度一致、结合牢固、出墙厚度一致	是	否

4.石材地面铺贴工程的施工质量验收

石材地面铺贴工程的质量检验重点，可参考下表。

序号	检验标准	检验结果	
1	石材的品种、规格、尺寸、颜色、图案等符合设计要求	是	否
2	石材板面没有翘曲、裂纹、缺棱掉角等缺陷	是	否
3	石材表面无任何明显划痕或暗划痕	是	否
4	石材表面的光泽度目测透彻，能清晰反映出物体的倒影，且倒影无明显的扭曲现象	是	否
5	石材铺装牢固、无空鼓，铺装表面平整	是	否
6	石材色泽协调，无明显色差	是	否
7	石材表面整洁，无起碱、污点和明显的光泽受损现象	是	否
8	石材板块之间接缝平直、宽窄均匀	是	否
9	非标准规格板材铺装部位正确、流水坡方向正确	是	否
10	拉线检查误差小于2mm，用2m靠尺检查平整度误差小于1mm	是	否

四、木工工程的质量验收

1. 吊顶工程的施工质量验收

吊顶工程的质量检验重点，可参考下表。

序号	检验标准	检验结果	
1	标高、尺寸、起拱和造型符合设计要求	是	否
2	吊杆、龙骨材质、规格、安装间距及连接方式符合设计要求	是	否
3	金属吊杆、龙骨进行表面防腐处理；木龙骨进行防腐、防火处理	是	否
4	石膏板接缝进行板缝防裂处理	是	否
5	安装双层石膏板时，面板层与基层板的接缝错开，并不在同一根龙骨上接缝	是	否
6	饰面材料表面洁净、色泽一致，不得有翘曲、裂缝及缺损	是	否
7	饰面板与明龙骨搭接平整、吻合，压条平直、宽窄一致	是	否
8	饰面板上灯等设备位置合理、美观，与饰面板交接严密吻合	是	否
9	金属龙骨接缝平整、吻合，颜色一致，不得有划伤、擦伤等表面缺陷	是	否
10	木质龙骨平整、顺直、无劈裂	是	否
11	填充吸声材料品种和铺设厚度符合设计要求，并有防散落措施	是	否
12	饰面材料的材质、品种、规格、图案和颜色应符合设计要求	是	否
13	饰面材料为玻璃板时，应使用安全玻璃或采取可靠的安全措施	是	否
14	饰面材料的安装应稳固严密	是	否

2. 橱柜工程的施工质量验收

橱柜工程的质量检验重点，可参考下表。

序号	检验标准	检验结果	
1	橱柜外表面保持原有状态，无碰伤、划伤、开裂和压痕等损伤现象	是	否
2	橱柜安装位置应按家用厨房设备设计图样要求进行，没有任何变动	是	否
3	橱柜摆放协调一致，台面及吊柜组合后保证水平	是	否
4	门板上下、前后、左右齐整，缝隙度均匀一致	是	否
5	人造石台面无缝拼接	是	否
6	门与框架、门与门相邻表面、抽屉与框架、抽屉与门、抽屉与抽屉相邻表面的缝隙保证小于 2.0mm	是	否
7	吊柜与墙面的结合安装牢固，连接螺钉不小于 M8，每 900mm 长度不少于两个连接固定点，确保达到承重要求	是	否
8	台面与柜体结合牢固，无松动	是	否
9	各接头连接、水槽及排水接口的连接严密，无渗漏	是	否
10	后挡水与墙面连接处已打密封胶密封	是	否
11	不锈钢水槽与台面连接处已打密封胶	是	否
12	所有抽屉和拉篮应推拉自如，无阻滞，设有不被拉出柜体外的限位保护装置	是	否
13	嵌入式灶具与台面连接处结合平整	是	否
14	橱柜的锐角已磨钝；金属件在人可触摸的位置，无有毛刺和锐角	是	否

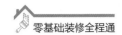
3. 地板工程的施工质量验收

地板工程的质量检验重点，可参考下表。

序号	检验标准	检验结果	
1	面层材质和铺设木材含水率符合要求	是	否
2	条材和块材技术等级及质量符合要求	是	否
3	实木地板的木格栅、垫木和毛地板等做防腐、防蛀处理	是	否
4	实木地板的木格栅安装牢固、平直	是	否
5	面层铺设牢固、无空鼓	是	否
6	实木地板面层无明显刨痕和毛刺现象；面层图案清晰、颜色均匀一致	是	否
7	面层缝隙严密、接缝位置错开、表面洁净	是	否
8	接缝对齐、粘钉严密；缝隙宽度均匀一致；表面洁净、无溢胶	是	否
9	踢脚线表面光滑、接缝严密、高度一致	是	否

4. 木饰面工程的施工质量验收

木饰面工程的质量检验重点，可参考下表。

序号	检验标准	检验结果	
1	饰面材料的品种、规格、颜色和性能符合设计要求	是	否
2	木龙骨、木饰面板燃烧性能等级符合要求	是	否
3	孔、槽的数量、位置及尺寸符合要求	是	否

序号	检验标准	检验结果	
4	表面平整、洁净、色泽一致，无裂痕和缺损	是	否
5	嵌缝密实、平直，宽度和深度符合设计要求，嵌填材料色泽一致	是	否

五、油漆工程的质量验收

1. 乳胶漆及涂料工程的施工质量验收

乳胶漆及涂料工程的质量检验重点，可参考下表。

序号	检验标准	检验结果	
1	所用乳胶漆/涂料的品种、型号和性能符合设计要求	是	否
2	墙面涂刷颜色、图案符合设计要求	是	否
3	墙面涂饰均匀、黏结牢固，无漏涂、透底、起皮和掉粉现象	是	否
4	基层处理符合要求	是	否
5	表面颜色均匀一致，无明显色差	是	否
6	乳胶漆/涂料与其他装修材料和设备衔接处吻合，界面清晰	是	否
7	无任何或仅有少量轻微出现泛碱、咬色等质量缺陷	是	否
8	无任何或仅有少量轻微出现流坠、疙瘩等质量缺陷	是	否
9	无任何或仅有少量轻微出现砂眼、刷纹等质量缺陷	是	否

2. 油漆工程的施工质量验收

油漆工程的质量检验重点，可参考下表。

序号	检验标准	检验结果	
清漆工程施工质量验收			
1	所用清漆的品种、品牌等符合要求	是	否
2	基层处理达标，严格按操作程序和遍数要求施工	是	否
3	木纹清晰、棕眼刮平，无钉眼外露，表面平整光滑	是	否
4	无大面积的裹楞、流坠、皱皮问题，小面明显处也无	是	否
5	颜色均匀一致，刷纹通顺	是	否
6	无脱皮、漏刷、泛锈现象	是	否
7	装饰线分色线偏差≤2mm（钢直尺）	是	否
色漆工程施工质量验收			
1	所用材料的品种、颜色、品牌等符合要求	是	否
2	透底、流坠、皱皮现象大面无，小面明显处无	是	否
3	表面平整光滑、均匀一致	是	否
4	没有污染其他表面的现象	是	否
5	颜色均匀一致，刷纹通顺	是	否
6	没有脱皮、漏刷、泛锈现象	是	否
7	装饰线分色线偏差≤2mm（钢直尺）	是	否

3. 裱糊工程的施工质量验收

裱糊工程的质量检验重点，可参考下表。

序号	检验标准	检验结果	
1	所用墙纸 / 墙布的种类、规格、图案、颜色和燃烧性能等级符合要求	是	否
2	墙纸 / 墙布粘贴牢固，无漏贴、补贴、脱层、空鼓和翘边现象	是	否
3	裱糊后各幅拼接横平竖直，拼接处花纹、图案吻合，不离缝、不搭接，拼缝不明显	是	否
4	裱糊后表面平整，无波纹起伏、气泡、裂缝、褶皱、污点，斜视无胶痕	是	否
5	复合压花墙纸压痕及发泡壁纸发泡层无损坏	是	否
6	墙纸 / 墙布与各种装饰线、设备线盒等交接严密	是	否
7	墙纸 / 墙布边缘平直整齐，不得有纸毛、飞刺	是	否
8	阴角处搭接顺光，阳角处无接缝	是	否

4. 软、硬包工程的施工质量验收

软、硬包工程的质量检验重点，可参考下表。

序号	检验标准	检验结果	
1	面料、内衬材料及边框材质、图案、颜色、燃烧性能等级和木材含水率符合要求	是	否
2	安装位置及构造做法符合要求	是	否
3	龙骨、衬板、边框安装牢固，无翘曲，拼缝平直	是	否

续表

序号	检验标准	检验结果	
4	单块软包／硬包面料不应有接缝，四周绷压严密	是	否
5	工程整体表面平整、洁净，无凹凸不平及褶皱	是	否
6	表面图案清晰、无色差，整体协调美观	是	否
7	边框平整、顺直、接缝吻合	是	否
8	边框等表面有涂饰的部分，质量符合涂饰工程有关规定	是	否
9	清漆涂饰木制边框的颜色、木纹协调一致	是	否

六、安装工程的质量验收

1. 塑钢门窗的安装质量验收

塑钢门窗安装质量检验重点，可参考下表。

序号	检验标准	检验结果	
1	门窗的品种、类型、规格、开启方向、安装位置、连接方法及填嵌密封处理符合要求	是	否
2	内衬增强型钢壁厚及设置符合质量要求	是	否
3	塑钢门窗框安装牢固	是	否
4	固定片或膨胀螺栓数量与位置正确，连接方式符合要求	是	否
5	塑钢门窗拼樘料内衬增强型钢规格、壁厚符合要求	是	否

序号	检验标准	检验结果	
6	塑钢门窗扇开关灵活、关闭严密，无倒翘	是	否
7	推拉门窗扇有防脱落措施	是	否
8	配件型号、规格、数量符合设计要求	是	否
9	配件安装牢固，位置正确，功能满足使用要求	是	否
10	塑钢门窗框与墙体间缝隙采用闭孔弹性材料填嵌饱满，表面采用密封胶密封	是	否
11	密封胶黏结牢固，表面光滑、顺直、无裂纹	是	否
12	表面洁净、平整、光滑，大面无划痕、碰伤	是	否
13	塑钢门窗扇密封条无脱槽，旋转窗间隙基本均匀	是	否
14	平开门窗扇开关灵活，平铰链、滑撑铰链工作正常	是	否
15	推拉门窗扇的开关力符合要求	是	否

2. 铝合金门窗的安装质量验收

铝合金门窗安装的质量检验重点，可参考下表。

序号	检验标准	检验结果	
1	门窗的品种、类型、规格、开启方向、安装位置、连接方法、型材壁厚符合设计要求	是	否
2	铝合金门窗的防腐处理及填嵌、密封处理符合要求	是	否

续表

序号	检验标准	检验结果	
3	安装牢固，预埋件数量、位置、埋设方式、与框连接方式符合要求	是	否
4	铝合金门窗扇安装牢固，开关灵活，关闭严密无倒翘	是	否
5	推拉门窗扇有防脱落措施	是	否
6	配件的型号、规格、数量符合设计要求	是	否
7	安装牢固、位置正确，功能满足使用要求	是	否
8	表面洁净、平整、光滑、色泽一致、无锈蚀	是	否
9	大面无划痕、碰伤；漆膜或保护层连续	是	否
10	铝合金门窗推拉门窗扇开关力符合要求	是	否
11	铝合金门窗框与墙体之间缝隙填嵌饱满，采用密封胶密封	是	否
12	密封胶表面应光滑、顺直、无裂纹	是	否
13	门窗扇橡胶密封条或毛毡密封条安装完好，无脱槽现象	是	否
14	有排水孔的铝合金门窗，排水孔应畅通，位置和数量符合设计要求	是	否

3. 木门窗的安装质量验收

木门窗安装质量检验重点，可参考下表。

序号	检验标准	检验结果	
1	门窗的品种、类型、规格、开启方向、安装位置及连接方法符合要求	是	否

序号	检验标准	检验结果	
2	门窗框安装牢固	是	否
3	预埋木砖防腐处理、木门窗框固定点数量、位置及固定方法符合要求	是	否
4	木门窗扇安装牢固，开关灵活，关闭严密无倒翘	是	否
5	木门窗配件型号、规格、数量符合设计要求	是	否
6	配件安装牢固、位置正确，功能满足使用要求	是	否
7	木门窗与墙体间缝隙填嵌材料符合设计要求，填嵌饱满	是	否

4. 洁具的安装质量验收

洁具安装质量检验重点，可参考下表。

序号	检验标准	检验结果	
1	洁具的种类、型号、颜色、图案等均符合要求	是	否
2	洁具安装完成后表面应平滑、无损裂，符合要求	是	否
3	需要采用托架固定的洁具，托架固定螺栓符合要求	是	否
4	与排水管连接后要牢固密实，便于拆卸，连接处不得敞口	是	否
5	与墙面或地面连接处已用硅胶嵌缝且嵌缝密实、无渗漏	是	否
6	坐便器给水管安装角阀高度符合设计要求	是	否
7	洁具各使用功能均正常，无任何异常现象	是	否

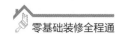

5. 灯具的安装质量验收

灯具安装质量检验重点，可参考下表。

序号	检验标准	检验结果	
1	灯具的种类、型号、颜色、图案等均符合要求	是	否
2	灯具的固定符合施工规范	是	否
3	灯具的安装高度和使用电压等级应符合规定	是	否
4	所有灯具可正常投入使用，照明灯泡没有不亮或闪烁的现象	是	否
5	当灯具重量超过 3kg 时，应固定在螺栓或预埋吊钩上	是	否

6. 开关、插座的安装质量验收

开关、插座安装质量检验重点，可参考下表。

序号	检验标准	检验结果	
1	开关 / 插座的种类、型号、颜色、图案等均符合要求	是	否
2	开关 / 插座安装位置正确，面板安装牢固、紧密贴墙	是	否
3	开关 / 插座表面干净整洁，无划痕、无翘曲变形现象	是	否
4	插座使用漏电开关，动作灵敏可靠	是	否
5	明装开关、插座的底板和暗装开关、插座的面板并列安装时，开关 / 插座的高度偏差不超过 0.5mm；面板垂直偏差不超过 0.5mm	是	否
6	同一空间中，开关 / 插座的水平偏差不超过 5mm	是	否

家具、家电的选择与布置

家具、家电可以使空间变得丰富起来，方便人们使用，让生活变得更舒适的同时还可以提升空间美感、增加生活情趣。室内空间各个界面的装饰共同构建的是一个基本框架，框架之中的内容则完全要依靠软装来表现，而家具和家电是其中非常重要的部分，了解它们的选择与布置，不仅能够提升生活质量，还能增强家居空间的装饰性。

一、家具

1. 家具的常见种类

（1）坐卧类家具

坐卧类家具是家具中最古老和基本的类型，它的演变反映出社会需求与生活方式的变化，浓缩了家具设计的历史，是家具中较有代表性的一种，也是家居生活中不可缺少的必需品。坐卧类家具是使用时间长和接触人体多的基本家具类型，可分为椅、凳、沙发、床、榻五个种类。

椅类家具

注：家具的费用是否由装饰公司承担，不同装饰公司可能存在一些差别，本书指一般情况，具体需要业主向装饰公司进行咨询

概述
椅子是现代生活中运用较多的一种家具，它既可以与沙发组合使用，也可以单独使用

常见的种类
⑤ 圈椅　　　　⑤ 靠背椅　　　　⑤ 摇椅
⑤ 躺椅　　　　⑤ 扶手椅　　　　⑤ 吊椅
⑤ 沙发椅　　　⑤ 转椅　　　　　⑤ 折叠椅

凳类家具

概述
凳子的用料、造型相对简单，体积小，移动灵活，用途广泛。凳子还是一种形状非常丰富的家具

常见的种类
⑤ 条凳　　　　⑤ 方凳　　　　　⑤ 床尾凳
⑤ 长凳　　　　⑤ 墩凳　　　　　⑤ 化妆凳
⑤ 圆凳　　　　⑤ 储物凳　　　　⑤ 吧凳

沙发

概述
沙发属于家庭必备家具之一，客厅、书房、卧室、阳台都可以摆放沙发，其造型丰富、尺寸多样

常见的种类
⑤ 五人沙发　　⑤ 双人沙发　　　⑤ U 形沙发
⑤ 四人沙发　　⑤ 单人沙发　　　⑤ 弧形沙发
⑤ 三人沙发　　⑤ L 形沙发

床、榻类家具

概述
床是家居中不可缺少的一种家具。现代的床不仅是一种实用性的家具，更是一种装饰品。
榻比床体积小，可坐可卧，适合短暂的休息。床、榻组合，能够满足不同时段的休息需求

常见的种类
⑤ 双人床　　　⑤ 婴儿床　　　　⑤ 抽拖床
⑤ 单人床　　　⑤ 立柱床　　　　⑤ 折叠床
⑤ 子母床　　　⑤ 高架床　　　　⑤ 隐藏翻板床
⑤ 贵妃榻　　　⑤ 罗汉床

（2）凭倚类家具

凭倚类家具是指人们在生活、工作中进行凭倚及伏案工作时与人体直接接触的家具，如书桌、写字台、餐桌等，介于坐卧类家具与贮藏类家具之间。总的来说，凭倚类家具在使用方式上可分为桌台与几两大类，桌台类较高，几类较矮，前者种类较少，后者种类较多。

桌台类家具

概述	常见的种类		
桌台类家具多与坐卧类家具组合使用，桌类供人们在坐姿状态下使用，台类坐姿、站姿均能使用	⑤ 餐桌 ⑤ 电脑桌	⑤ 吧桌 / 台 ⑤ 梳妆台	⑤ 写字桌 / 台 ⑤ 装饰桌 / 台

几类家具

概述	常见的种类		
几类属于辅助性家具，多数几类都需要与坐卧类家具组合使用，起到装饰及摆放物品的作用	⑤ 茶几 ⑤ 炕几 ⑤ 条几	⑤ 边几 ⑤ 花几	⑤ 角几 ⑤ 香几

（3）贮藏类家具

贮藏类家具也可以称为贮存性家具，是用来整理和收藏生活中琐碎、凌乱的衣物、消费品、书籍等物品的家具，可以让生活空间变得井然有序。此类家具的实用性要大于装饰性。由于每个人的习惯不同，所以贮藏类家具的内部结构设计需要特别选择，让其符合生活习惯。

柜类家具

概述	常见的种类		
柜类家具种类较多，具有较高的实用性，除了购买成品外，还可以根据使用空间的特点进行定制	⑤ 电视柜 ⑤ 书柜 ⑤ 床头柜	⑤ 玄关柜 ⑤ 衣柜 ⑤ 斗柜	⑤ 鞋柜 ⑤ 酒柜 ⑤ 角柜

架格类家具

概述	常见的种类		
架格类家具属于开放式贮存类家具，具有敞亮大方、存储便捷、装饰性强等特点	⑤ 鞋架 ⑤ 博古架 ⑤ 墙壁搁架	⑤ 书架 / 格 ⑤ 隔断架 / 格	⑤ 衣架 ⑤ 置物架

2. 不同空间常用家具的尺寸

（1）客厅常用家具的尺寸

客厅常用家具的类型及尺寸，如下表所示。

家具名称	常见尺寸	
电视柜	高度	一般来说，电视柜比电视长三分之二，高度大约为 400~600mm
	常见厚度	电视大多为超薄和壁挂式，电视柜厚度一般为 400~450mm
四人沙发	长度	外围长度一般为 2320~2520mm
	深度	座面深度一般为 800~900mm
	座高	座高一般为 350~420mm
	背高	背高一般为 700~900mm
三人沙发	长度	外围长度一般为 2200~2300mm
	深度	座面深度一般为 800~900mm
双人沙发	长度	外围长度一般为 1400~2000mm
	深度	座面深度一般为 800~900mm
单人沙发	长度	外围长度一般为 800~950mm
	深度	座面深度一般为 850~900mm
茶几	小型长茶几	◎长 600~750mm ◎宽 450~600mm ◎高 380~500mm（380mm 为最佳高度）

家具名称		常见尺寸
茶几	大型长茶几	◎长 1500~1800mm ◎宽 600~800mm ◎高 330~420mm（330mm 为最佳高度）
	方形茶几	◎宽有 900mm、1050mm、1200mm、1350mm、1500mm 等几种 ◎高为 330~420mm
	圆茶几	◎直径有 900mm、1050mm、1200mm、1350mm、1500mm 等几种 ◎高为 330~420mm
角几	长度 × 宽度	600mm×450mm、600mm×460mm、580mm×580mm
	高度	高度一般为 550~670mm

（2）餐厅常用家具的尺寸

餐厅常用家具的类型及尺寸，如下表所示。

家具名称		常见尺寸
10 人餐桌	10 人长方桌	◎短边一般控制在 800~900mm ◎长边可按人均占有 550~700mm 计算，以接近 700mm 为佳 ◎餐桌高度通常有 700mm、720mm、740mm、760mm 四个尺寸 ◎餐椅高一般为 450~500mm
	10 人圆桌	◎桌面直径一般为 1500~1600mm ◎餐桌高度通常有 700mm、720mm、740mm、760mm 四个尺寸 ◎餐椅高一般为 450~500mm
6 人餐桌	6 人长方桌	◎短边一般控制在 800~900mm ◎长边一般控制在 1200~1500mm ◎餐桌高度通常有 700mm、720mm、740mm、760mm 四个尺寸 ◎餐椅高一般为 450~500mm

家具名称		常见尺寸
6人餐桌	6人圆桌	◎桌面直径一般为 1100~1250mm ◎餐桌高度通常有 700mm、720mm、740mm、760mm 四个尺寸 ◎餐椅高一般为 450~500mm
4人餐桌	4人长方桌	◎最常见尺寸为 800mm×600mm ◎餐桌高度通常有 700mm、720mm、740mm、760mm 四个尺寸 ◎餐椅高一般为 450~500mm
	4人方桌	◎最常见尺寸为 750mm×750mm ◎餐桌高度通常有 700mm、720mm、740mm、760mm 四个尺寸 ◎餐椅高一般为 450~500mm
双人餐桌	双人长方桌	◎短边：700mm ◎长边：850mm ◎餐桌高度通常有 700mm、720mm、740mm、760mm 四个尺寸 ◎餐椅高一般为 450~500mm
	双人方桌	◎最常见尺寸为 600mm×600mm ◎餐桌高度通常有 700mm、720mm、740mm、760mm 四个尺寸 ◎餐椅高一般为 450~500mm

（3）卧室常用家具的尺寸

卧室常用家具的类型及尺寸，如下表所示。

家具名称		常见尺寸
成人睡床	单人床	◎宽度：900mm、1000mm、1200mm ◎长度：1800~2000mm ◎高度：一般 300mm 左右，加床垫尺寸总高 500~600mm 最佳
	双人床	◎宽度：1500mm、1800mm、2000mm ◎长度：2000~2010mm ◎高度：一般 300mm 左右，加床垫尺寸总高 500~600mm 最佳

家具名称		常见尺寸
儿童床	学龄前 （6 岁以下）	◎宽度：650~750mm ◎长度：1000mm 以上 ◎高度：约为 400mm 左右 ◎高架床要注意下铺面至上铺底板的尺寸，一般层间净高应不小于 950mm
	学龄期	◎宽度：800mm、900mm 和 1000mm 三个标准 ◎长度：1920mm
衣柜	双门衣柜	◎宽度：1000mm、1200mm、1500mm、1800mm ◎深度：500~800mm ◎高度：1800~2300mm
	四门衣柜	宽度 × 深度 × 高度：2000mm×600mm×2200mm
	五门衣柜	宽度 × 深度 × 高度：2050mm×600mm×2300mm
	六门衣柜	宽度 × 深度 × 高度：2425mm×600mm×2200mm
床头柜		宽度 400~600mm，深度 350~450mm，高度 500~700mm

（4）书房常用家具的尺寸

书房常用家具的类型及尺寸，如下表所示。

家具名称		常见尺寸
书桌	成人书桌	◎宽度：1250~1800mm ◎深度：650~800mm ◎高度：750mm
	儿童书桌	◎宽度：1100~1200mm ◎深度：650~800mm ◎高度：460mm（6 岁儿童）、530mm（10 岁儿童）、550mm（12 岁儿童）、630mm（14 岁儿童）

家具名称	常见尺寸
电脑桌	◎宽度：600~1400mm ◎深度：650~800mm ◎高度：740mm
书架	◎宽度：1500~2050mm ◎深度：300~500mm（300mm 最适宜） ◎高度：2200mm ◎横板、立板间距：300~800mm（横板）、350mm~800mm
书柜	◎宽度：1200~1500mm ◎深度：450~500mm ◎高度：1800~2200mm

（5）厨房常用家具的尺寸

厨房常用家具的类型及尺寸，如下表所示。

家具名称	常见尺寸
橱柜地柜	◎宽度：400~600mm 为宜 ◎高度：780mm 更为合适
橱柜台面	◎橱柜台面到吊柜底：高尺寸 600mm，低尺寸 500mm ◎长度 × 宽度：不可小于 900mm×460mm ◎高度：780mm 更为合适 ◎厚度：10mm、15mm、20mm、25mm 等（石材厚度）
橱柜吊柜	◎左右开门：宽度和地柜门差不多即可 ◎上翻门：尺寸最小 500mm，最大 1000mm ◎深度：最好采用 300mm 及 350mm 两种尺寸
橱柜底脚线	高度一般为 80mm
橱柜门板宽度	200~600mm

（6）卫浴常用家具的尺寸

卫浴常用家具的类型及尺寸，如下表所示。

家具名称	常见尺寸	
卫浴柜	宽度	800~1000mm（一般包括镜柜在内）
	深度	450~500mm
	高度	800~850mm

（7）玄关常用家具的尺寸

玄关常用家具的类型及尺寸，如下表所示。

家具名称	常见尺寸	
鞋柜	宽度	根据所利用的空间宽度合理划分
	深度	家里最大码鞋子的长度，通常尺寸为300~400mm
	高度	≤ 800mm
鞋架	宽度	根据所利用的空间宽度合理划分
	深度	家里最大码鞋子的长度，通常尺寸为300~400mm
	高度	≤ 800mm
	层板间高度	通常设定在150mm左右
衣帽柜	宽×深×高	2000mm×400mm×1800mm、2000mm×400mm×1000mm 等

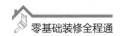

3. 不同空间家具的选择与布置

（1）客厅家具的选择与布置

客厅家具布置要点

①客厅家具应该根据主人的活动情况和空间的特点进行布置。

②可按不同家居风格选用对称型、曲线型或自由组合型等多种形式来进行自由布置。

不同形式客厅的家具布置与选择

①长条形小客厅：根据空间的宽度，选择沙发、电视、茶几等的大小。将沙发和电视柜相对而放，各平行于长度较长的墙面，靠墙而放。

②三角形客厅：通过摆放家具使空间格局趋向于方正。家具色彩最好不要过深。

③弧形客厅：沿着弧形设置一排矮柜，或选用体积较小的沙发。其他家具选择较深的颜色。

④多边形客厅：利用家具改造成四边形客厅，把相邻的空间合并到多边形中进行整体设计，把大多边形割成几个区域，使每个区域达到方正的效果。

客厅常见家具布置形式

客厅常见的家具布置形式如下表所示。

布置方式	适合空间	适合人群	布置要点	图示
沙发＋茶几	小面积客厅	◎单身群体 ◎新婚夫妇	家具元素比较简单，可以在款式选择上多花点心思。别致、独特的造型能给小客厅带来视觉变化	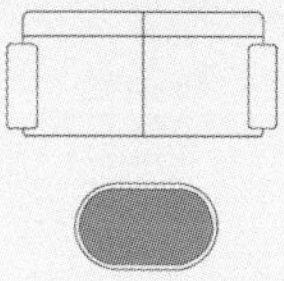
三人/双人沙发＋茶几＋单体座椅	◎小面积客厅 ◎中面积客厅	◎新婚夫妇 ◎三口之家	◎可以打破空间简单格局，也能满足更多人的使用需要 ◎茶几形状最好为长方形或椭圆形	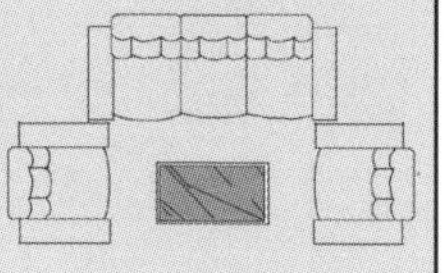
L形摆法	◎中面积客厅 ◎大面积客厅	◎新婚夫妇 ◎三口之家 ◎二胎家庭 ◎三代同堂	组合变化多样，可以直接选择L形沙发，也可用沙发组合摆放成L形，具有不同效果，可按自身需求选择	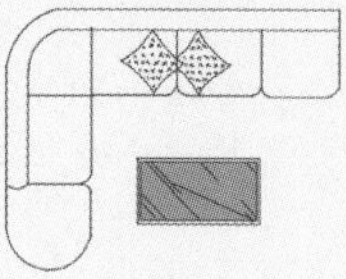
围坐式摆法	◎中面积客厅 ◎大面积客厅	◎三口之家 ◎二胎家庭 ◎三代同堂	◎能形成聚集、围合的感觉 ◎茶几最好选择长方形	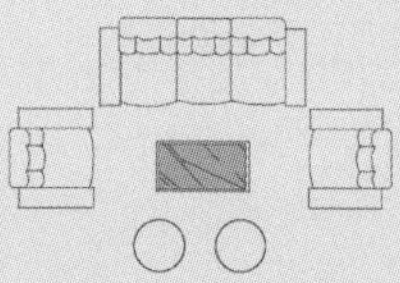

布置方式	适合空间	适合人群	布置要点	图示
对坐式摆法	◎中面积客厅 ◎大面积客厅	◎新婚夫妇 ◎三口之家 ◎二胎家庭 ◎三代同堂	根据客厅面积大小的不同，变化沙发的尺寸即可	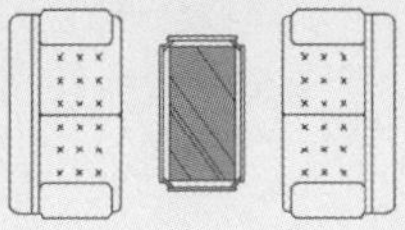

（2）餐厅家具的选择与布置

餐厅家具布置要点

①餐桌大小不要超过整个餐厅的 1/3。

②在餐桌椅的摆放上，应在桌椅组合的周围留出超过 1m 的宽度。

不同形式餐厅的家具布置与选择

①独立式餐厅：最理想的餐厅格局，餐厅位置应靠近厨房。需要注意餐桌、椅、柜的摆放与布置须与餐厅的空间相结合，如方形和圆形餐厅，可选用圆形或方形餐桌，居中放置；狭长餐厅可在靠墙或窗一边放一个长餐桌，桌子另一侧摆上椅子，空间会显得大一些。

②餐厅 – 客厅一体式：餐厅和客厅之间的分隔可采用灵活的处理方式，可用家具、屏风、植物等做隔断，或只做一些材质和颜色上的处理，总体要注意餐厅与客厅的协调统一。此类餐厅面积不大，餐桌椅一般贴靠隔断布局，除餐桌椅外的家具较少，在设计规划时应考虑到多功能使用性。

③餐厅 – 厨房一体式：此布局能使上菜快捷方便，能充分利用空间。值得注意的是，烹饪不能破坏进餐的气氛，就餐也不能使烹饪变得不方便。因此，需要控制好两者的空间距离。

餐厅常见家具布置形式

餐厅常见的家具布置形式如下表所示。

布置方式	适合空间	适合人群	布置要点	图示
平行对称式	◎中面积餐厅 ◎大面积餐厅	◎新婚夫妇 ◎三口之家 ◎二胎家庭 ◎三代同堂	◎餐桌与边柜等家具平行摆放，并且餐椅以餐桌为中线，成对称形式摆放 ◎餐桌适合选择长方形的款式	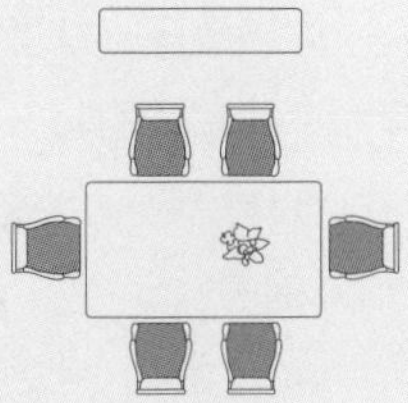

布置方式	适合空间	适合人群	布置要点	图示
非对称式	◎小面积餐厅 ◎中面积餐厅	◎单身群体 ◎新婚夫妇 ◎三口之家	靠一侧的墙面，依靠墙的走势，将餐椅做成卡座形式或使用条凳，另一侧摆放餐椅，边柜可以放在侧墙	
围合式	◎中面积餐厅 ◎大面积餐厅	◎新婚夫妇 ◎三口之家 ◎二胎家庭 ◎三代同堂	◎以餐桌椅为中心，其他家具围绕在周边布局 ◎效果较隆重、华丽。餐桌选择方形和圆形均可	
L直角形	◎中面积客厅 ◎大面积客厅	◎新婚夫妇 ◎三口之家 ◎二胎家庭 ◎三代同堂	◎柜子等家具成直角摆放，餐桌椅放在中间的位置上，四周留出交通空间 ◎餐桌较适合使用方形的款式	

（3）卧室家具的选择与布置

卧室家具布置要点

①家具布置应以整洁舒适为主，不宜过于繁复。

②少用大型单体家具，应采用现代组合型家具，以缩小占地面积。

③床要有"靠山"，不宜摆在居室的中间。

④床尾一侧墙面设有衣柜，与衣柜要留有90cm以上的过道；衣柜最好在梁下方。

⑤床头两侧要有一边离侧墙有60cm的宽度，便于从侧边上下床。

⑥床头旁边留出50cm的宽度，可以摆放床头边桌，用来随手摆放手机等小物。

卧室内不同区域家具的布置与选择

①睡眠区：此区域中适合摆放床、床头柜和照明设施。家具越少越好，可以减少压迫感，扩大空间感，延伸视觉。

②梳妆区：此区域中适合摆放梳妆台。需为女士化妆提供良好的照明效果，所以周围不宜有太多的家具包围。

③休息区：此区域中适合摆放沙发、茶几、音响等家具，可以多放一些绿色植物，不要用太杂的颜色。

④阅读区：此区域适合摆放书桌、书橱等家具。位置可选择房间中最安静的角落，根据区域的面积安排书桌和书柜/架的摆放形式即可。

卧室常见家具布置形式

卧室常见的家具布置形式如下表所示。

布置方式	适合空间	适合人群	布置要点	图示
平行式	◎小面积卧室 ◎中面积卧室 ◎大面积卧室	◎单身卧室 ◎主人夫妇 ◎儿童 ◎老人	◎床与柜子侧面或正面平行 ◎单人床放在房间的中间或靠一侧墙壁，双人床放在中间，为柜子的使用和动线预留空间 ◎床头两侧根据宽度可以使用床头柜、小书桌等	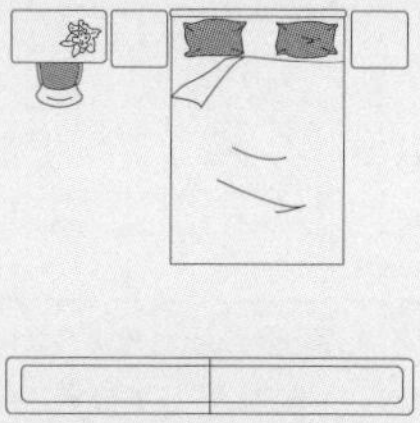
C形	◎小面积卧室 ◎中面积卧室	◎单身卧室 ◎儿童	将单人床靠一侧墙壁摆放，沿着床头墙面及侧墙布置家具，整体呈现C形	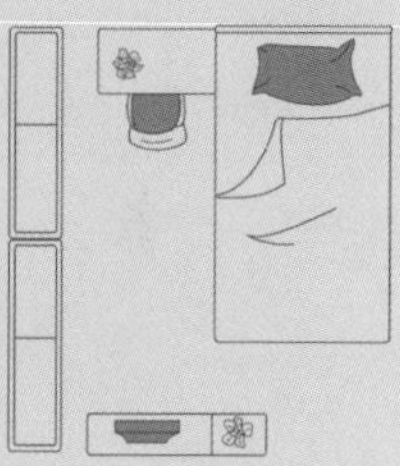
混合式1	◎中面积卧室 ◎大面积卧室	◎单身卧室 ◎主人夫妇 ◎老人	主体家具的摆放采用一种平行式布局，而后在床头的对面墙或垂直墙旁加一组家具	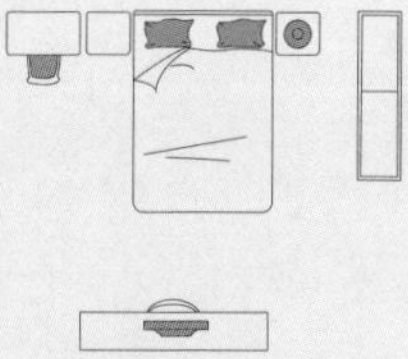
混合式2	◎中面积卧室 ◎大面积卧室	◎单身卧室 ◎主人夫妇 ◎老人	◎可规划出一个步入式的衣帽间，也可隔出一个小书房，写字台和床之间用小隔断或书架间隔 ◎门若在短墙一侧，书房或衣帽间适合与床侧面平行布置，门若在长墙一侧，适合与床头平行	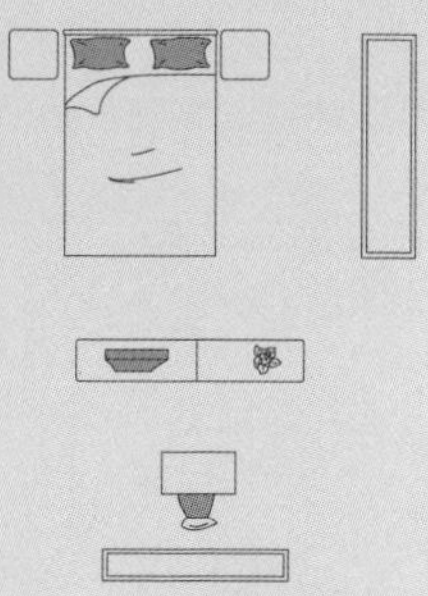

（4）书房家具的选择与布置

书房家具布置要点

①家具适宜整套选购，不宜过于杂乱，过于休闲。

②将书桌对着门放置比较好，但在位置上要避开门，不可和门相对。

③座椅应尽量选择带有靠背的，或者靠墙摆放。

④书桌椅不仅要高度合理，桌下还应有置腿空间。

⑤书橱的摆放应尽量靠近书桌的位置，便于存取书籍。

⑥面积较大的书房，可放置一张双人沙发或是两张相同款式的单人沙发。

书房常见家具布置形式

书房常见的家具布置形式如下表所示。

布置方式	适合空间	适合人群	布置要点	图示
平行式	◎小面积书房 ◎中面积书房 ◎大面积书房	◎单身群体 ◎新婚夫妇	◎书桌、书柜与墙面平行布置，书桌放在书柜前方 ◎如果空间充足，对面可以摆放座椅或沙发，形成对谈布局	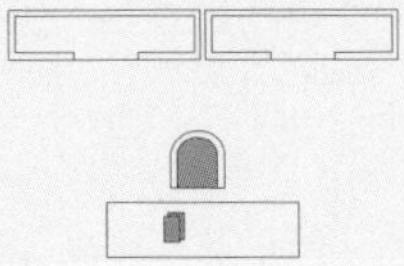
L形	◎小面积书房 ◎中面积书房	◎单身群体 ◎新婚夫妇 ◎三口之家	◎书桌靠窗或靠墙角放置，书柜从书桌方向延伸到侧墙形成直角 ◎书桌对面可以摆放沙发或休闲椅等家具	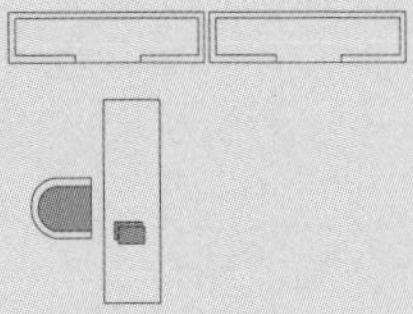
T形	◎小面积书房 ◎中面积书房	◎单身群体 ◎新婚夫妇 ◎三口之家	◎书柜放在侧面墙壁上，布满或者半满 ◎中部摆放书桌，书桌与另一面墙之间保持一定距离，成为通道	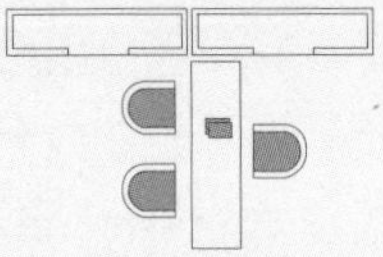
U形	大面积书房	◎三口之家 ◎二胎家庭 ◎三代同堂	◎将书桌摆放在房间的中间 ◎书桌两侧分别布置书柜、书架、斗柜或沙发、座椅等其他家具，将中心区域包围起来，门的一侧留白	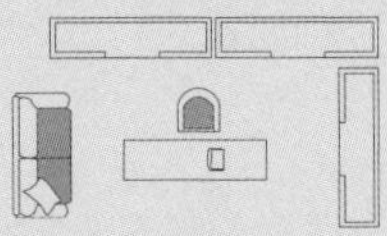
一字形	◎小面积书房 ◎中面积书房	◎单身群体 ◎新婚夫妇 ◎三口之家	书桌靠墙摆放，书橱悬空在书桌上方，人面对墙进行工作或学习	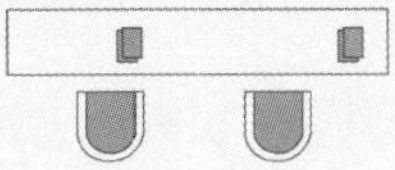

（5）厨房家具的选择与布置

厨房家具布置要点

①厨房家具设置要满足合理的动线。

②选购吊柜、地柜的过程中，要充分考虑到人体机能。

③上层空间的通透感叠加下层空间的间隔感，令岛台成为厨房中最美观实用的隔断。

厨房常见家具布置形式

厨房常见的家具布置形式如下表所示。

布置方式	适合空间	适合人群	布置要点	图示
一字形	小面积厨房	◎单身群体 ◎新婚夫妇	在厨房的一侧布置橱柜等设备，以水池为中心，左右两边分开操作	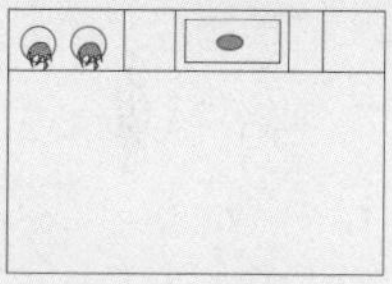
L形	◎小面积厨房 ◎中面积厨房 ◎大面积厨房	◎单身群体 ◎新婚夫妇 ◎三口之家 ◎二胎家庭 ◎三代同堂	将台柜、设备贴在相邻墙上连续布置，一般会将水槽设在靠窗台处，而灶台设在贴墙处，上方挂置抽油烟机	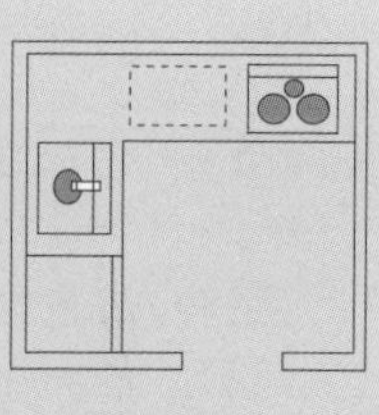
U形	◎中面积厨房 ◎大面积厨房	◎新婚夫妇 ◎三口之家 ◎二胎家庭 ◎三代同堂	在厨房相邻的三面墙上均设置橱柜及设备；操作台面长，储藏空间充足	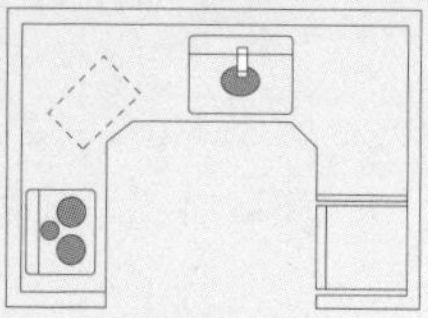
对面型	◎中面积厨房 ◎大面积厨房	◎新婚夫妇 ◎三口之家 ◎二胎家庭	沿厨房两侧较长的墙并列布置橱柜，将水槽、燃气灶、操作台设为一边，将配餐台、储藏柜、冰箱等电器设备设为另一边	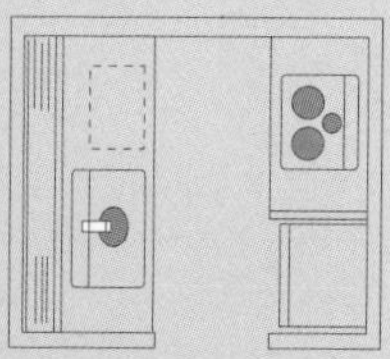

（6）卫浴家具的选择与布置

卫浴家具布置要点

①落地式卫浴家具适用于空间较大且干湿分离的卫浴。

②悬挂式卫浴家具最大的特色是节省空间，因此非常适合用在面积较小的卫浴中。除此之外，此类家具下方悬空所以不容易产生卫生死角，也适合追求极致整洁的人群，用在其他类型的卫浴间内。

不同形式卫浴的家具布置与选择

①小卫浴：洁面盆和坐便器需采用较小型号，便器和洁面盆可以采用悬壁式设计。

②大卫浴：可以增添搁架或壁柜，或摆张自己喜欢的梳妆台。不同功能区之间可以用屏风、高大的植物等来区隔。可选择一个圆形的豪华浴缸，让卫浴变成一个小型的温泉室。

③斜顶卫浴：全落地式斜顶或斜顶下方特别低，可利用倾斜的角度选择浴缸。若人在斜顶下可站立活动，可选择墙式坐便器，墙面上可设置一些收纳格。

④狭长形卫浴：选择特种洁具，如嵌入式浴缸等。在一面墙挖凹槽，制作出搁物台。

⑤多边形、弧形卫浴：若空间小，可把不规则一角作为淋浴室。若面积大，可选择造型独特的洁具，令其成为空间装饰。

卫浴常见家具布置形式

卫浴常见的家具布置形式如下表所示。

布置方式	适合空间	适合人群	布置要点	图示
兼用型	小面积卫浴	◎单身群体 ◎新婚夫妇	◎洁面盆、便器、淋浴或浴盆放置在一起 ◎所有活动都集中在一个空间内，动线较短	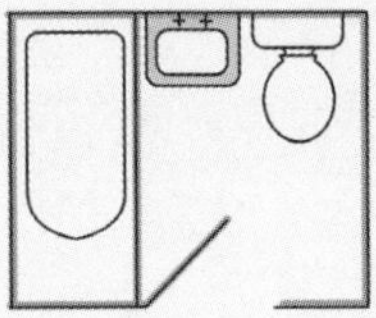
独立型	◎中面积卫浴 ◎大面积卫浴	◎单身群体 ◎新婚夫妇 ◎三口之家 ◎二胎家庭 ◎三代同堂	◎完全干湿分离，洁面盆、便器放在一起，淋浴或浴盆放在一起 ◎若增加更衣区，则三部分各自独立，梳妆台可放在更衣区内	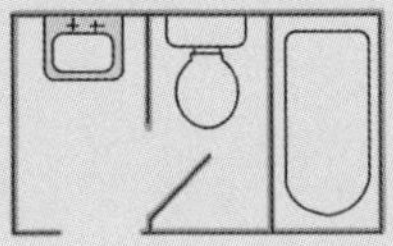

布置方式	适合空间	适合人群	布置要点	图示
折中型	◎小面积卫浴 ◎中面积卫浴 ◎大面积卫浴	◎新婚夫妇 ◎三口之家 ◎二胎家庭 ◎三代同堂	卫浴中的基本设备相对独立，但有部分合二为一的布置形式	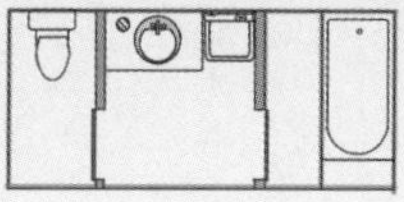

（7）玄关家具的选择与布置

玄关家具布置要点

①玄关家具摆放以不影响业主的出入为原则。

②尽量将家具靠墙或挂墙摆放，嵌入式的更衣柜是最佳选择。

③玄关家具应少而精，避免拥挤和凌乱。

④玄关家具应流畅，避免尖角和硬边框。

⑤玄关面积偏小，可利用低柜、鞋柜等家具扩大储物空间。

玄关常见家具布置形式

玄关常见的家具布置形式如下表所示。

布置方式	适合空间	适合人群	布置要点
门厅型	大面积玄关	◎单身群体 ◎新婚夫妇 ◎三口之家 ◎二胎家庭 ◎三代同堂	玄关空间相对独立，布置时可选一款精致的玄关桌或收纳型矮柜，可以兼顾美观和实用功能
影壁型	◎小面积玄关 ◎中面积玄关 ◎大面积玄关	◎单身群体 ◎新婚夫妇 ◎三口之家	玄关与客厅之间用隔断分隔，布置时可以利用贴墙的优势，做一个到顶式的玄关柜
走廊型	◎小面积玄关 ◎中面积玄关 ◎大面积玄关	◎单身群体 ◎新婚夫妇 ◎三口之家 ◎二胎家庭 ◎三代同堂	玄关与室内直接相通，没有任何间隔，是最常见的形式。布置时可以利用靠墙的位置，设计玄关柜或鞋柜

二、家电

1.常用家电的尺寸

（1）液晶电视

液晶电视的常见尺寸，如下表所示。

规格	常见尺寸
32寸	◎屏幕尺寸比例为4：3：长度约为65cm，宽度约为49cm ◎屏幕尺寸比例为16：9：长度为69cm，宽度为39cm
37寸	◎长度：约为82cm ◎宽度：约为46cm
40寸	◎长度：约为88cm ◎宽度：约为50cm
47寸	◎长度：约为104cm ◎宽度：约为59cm
50寸	◎长度：约为110cm ◎宽度：约为62cm
55寸	◎长度：约为122cm ◎宽度：约为68cm
60寸	◎长度：约为133cm ◎宽度：约为75cm
65寸	◎长度：约为144cm ◎宽度：约为81cm
70寸	◎长度：约为155cm ◎宽度：约为87cm

（2）冰箱

冰箱的常见尺寸，如下表所示。

名称	容积	常见尺寸
小冰箱	60L 以下	约 515mm×500mm×530mm
对开门式冰箱	100L 以上	约 900mm×590mm×1750mm
双门式冰箱	100~200L	约 1600mm×495mm×635mm
三门式冰箱	201~250L	约 545mm×560mm×1740mm

（3）洗衣机

洗衣机的常见尺寸，如下表所示。

名称	容积	常见尺寸
滚筒洗衣机	2.1~4.5kg	600mm×550mm×600mm
	5.6~7kg	840mm×595mm×600mm
	4.6~5.5kg	596mm×600mm×900mm
	7kg 以上	850mm×600mm×600mm
波轮洗衣机	4.6~5.5kg	约 550mm×540mm×910mm
	5.6~7kg	约 530mm×540mm×890mm
	7kg 以上	约 550mm×560mm×968mm

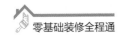
2. 不同空间家电的选择与布置

（1）客厅家电的选择与布置

①电视：电视与沙发对面摆放，距离一般为电视对角线长度的3倍。

②空调：空调出风口不宜对着的客厅门的对角处。

③冰箱：冰箱放在阴凉通风处，还应远离暖气等热源。

④录音机、电唱机：此类家电如果没有采取特殊减震措施，不要放在音箱上；严禁与变压器、电动机及磁性扬声器等强磁场电器相近放置；不要与各种钟表同放。

（2）餐厅家电的选择与布置

①餐厅若安装中央空调，不要将出风口设在餐桌上方。

②餐厅中的家用电器较少，可沿墙均匀布置两组五孔插座，底边距地0.3m左右。

（3）卧室家电的选择与布置

①卧室电器不宜过多，尤其不要将电视正对床脚，不使用时要拔掉电源。

②任何的电器用品都应该远离睡床。

③客厅中若有冰箱，不宜摆放在紧靠卧室的那一面墙。

④卧室摆放电脑尽量选择液晶显示器，以减少辐射。

（4）书房家电的选择与布置

①除了电脑外，最好不要在书房空间放置太多的电器。

②电脑放置在书房中，注意不要让阳光直射。

③电脑不要摆放在潮湿昏暗的地方，最好放置在空气流通的位置。

④书房空间面积比较小，要避免使用带有大显示屏的电脑。

（5）厨房家电的选择与布置

①微波炉使用最多的情况是对冰箱内的食物进行加工，最好靠近冰箱。

②烤箱不要放置在地柜上，因为如高度设计过低，需要下蹲或弯腰才能进行操作。

③消毒柜设计在水槽与灶具的中间。

（6）卫浴家电的选择与布置

①瓦斯热水器不可安装在室内，以避免产生一氧化碳而发生危险。

②浴霸通常安装在洗浴区的上方，但尽量不要装在洗浴时人站立位置的正上方。